用爱心烧出一桌好菜，让家人感受爱的味道！

全家人爱吃的菜都在这里！

一书在手，下厨无忧！

精选美味速成
家常菜
1000例

主 编 邴吉和

U0207550

江西科学技术出版社

图书在版编目（CIP）数据

精选美味速成家常菜1000例 / 邴吉和主编. -- 南昌：
江西科学技术出版社, 2014.1（2022.4重印）
ISBN 978-7-5390-4893-2

Ⅰ.①精… Ⅱ.①邴… Ⅲ.①家常菜肴—菜谱 Ⅳ.
①TS972.12

中国版本图书馆CIP数据核字(2013)第283170号
国际互联网（Internet）地址：
http：//www.jxkjcbs.com
选题序号：ZK2013150
图书代码：D13034－103

精选美味速成家常菜1000例　　　　　　　　　　　　　　　　邴吉和　主编

JINGXUAN MEIWEI SUCHENG JIACHANGCAI 1000 LI

出　版	江西科学技术出版社	
社　址	南昌市蓼洲街2号附1号	
	邮编：330009　电话：（0791）86623491　86639342（传真）	
印　刷	永清县晔盛亚胶印有限公司	
项目统筹	陈小华	
责任印务	夏至寰	
设　计	松雪图文 SONGXUE TUWEN　王进	
经　销	各地新华书店	
开　本	787mm×1092mm　1/16	
字　数	230千字	
印　张	16	
版　次	2014年1月第1版　2022年4月第3次印刷	
书　号	ISBN 978-7-5390-4893-2	
定　价	49.00元	

赣版权登字号-03-2013-188

版权所有，侵权必究
（赣科版图书凡属印装错误，可向承印厂调换）

（图文提供：深圳市金版文化发展股份有限公司　本书所有权益归北京时代文轩书业有限公司）

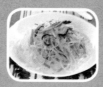

目录
CONTENTS

Part 2
旺火爆炒的
肉菜也不慢

《猪肉》

Part 3
营养美味汤，也能快速做

Part 4
主食，哪种最快做哪种

Part **1**

最快不过素凉菜

素凉菜是指主料不含肉类的食材，生食或凉拌，再配以各种调味品后制成的菜肴。素凉菜操作简单、成品鲜嫩、清淡爽口，是很多人的最爱。素凉菜生吃还可以最大限度地保留原料自身的营养，减少营养的流失。在本章中，我们选取了常见的蔬菜、菌类、豆制品等各种蔬菜，为您一一展示最美味、最简单的素凉菜。

凉拌白菜 蔬菜

原料 白菜叶300克，胡萝卜、黑木耳各50克

调料 香油、生抽、醋、白糖、盐各适量

做法

1. 白菜叶、胡萝卜分别洗净，切丝，加少许盐腌渍备用。

2. 黑木耳泡发洗净，切丝，入沸水锅中焯片刻，捞出沥干水，和白菜丝、胡萝卜丝一起放入碗中。

3. 取一小碗，将香油、生抽、醋、白糖、盐调匀成味汁，淋入碗中，拌匀装盘即可。

脆口白菜 蔬菜

原料 大白菜帮200克

调料 干辣椒、花椒、精炼油、芥末油、盐各适量

做法

1. 大白菜帮洗净，斜刀切成长8厘米、厚0.2厘米的片，用盐腌渍片刻，备用；干辣椒洗净，切段。

2. 锅入油烧热，下入干辣椒段、花椒炒至成泡油，倒入碗中。

3. 将白菜片放入盆中，加入盐、泡油、芥末油拌匀，装盘即可。

果汁白菜心 蔬菜

原料 嫩白菜心500克，黄瓜、胡萝卜各20克

调料 柠檬汁、白糖、盐各适量

做法

1. 白菜心洗净，切丝；黄瓜洗净，切丝；胡萝卜去皮洗净，切丝。

2. 将白菜心丝、黄瓜丝、胡萝卜丝放入碗中，调入盐腌渍片刻，沥去水分。

3. 再加入柠檬汁、白糖调味，拌匀即可。

糖醋辣白菜 蔬菜

原料 嫩白菜心750克，干红辣椒25克，香菜段10克

调料 葱丝、花生油、醋、白糖、盐各适量

做法

1. 白菜心洗净，切丝，用盐腌渍片刻，攥干水分，放入碗中。

2. 干红辣椒洗净，沥干水分，切成细丝，备用。

3. 锅入油烧热，放入干红辣椒丝下锅炒至深红色，下入葱丝稍炒，倒入碗中，加入白糖、盐、醋拌匀，浇在白菜丝上，撒香菜段拌匀即可。

功夫白菜

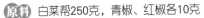

原料 白菜帮250克，青椒、红椒各10克

调料 葱花、泡菜水、香油、盐各适量

做法

1. 白菜帮洗净，沥干水分，斜刀切成方块。青椒、红椒分别洗净，去蒂、籽，切丝，同白菜块一起放入泡菜水中浸泡入味。

2. 将白菜帮拣出，装入盘中摆放整齐，青红椒丝撒在表面。另用小碗加入适量原汁泡菜水、盐、香油调匀，淋在白菜帮上，撒上葱花即可。

辣白菜卷

原料 白菜心400克，青红椒丝各10克

调料 葱末、姜末、精炼油、辣椒油、醋、白糖、盐各适量

做法

1. 白菜心洗净，切成段，用牙签串成卷。

2. 白菜段放入漏勺中，用热油浇熟，去掉牙签，放入盘中摆成塔形，凉凉后撒上青红椒丝。

3. 葱末、姜末、盐、白糖、醋、水调成味汁，浇在白菜段上，淋辣椒油即可。

咸糖醋菜

原料 白菜心300克，胡萝卜50克，红辣椒丝20克

调料 姜丝、蒜末、白醋、白糖、盐各适量

做法

1. 白菜心洗净，沥干水分；胡萝卜去皮洗净，切丝。

2. 取一大碗，放入白菜心、胡萝卜丝，再放入姜丝、红辣椒丝，拌匀，加入盐浸软，沥干水分。

3. 将蒜末、白醋、白糖调匀成味汁，淋入碗中，拌匀即可。

怪味白菜帮

原料 白菜帮400克

调料 蒜末、辣椒面、五香粉、白醋、盐各适量

做法

1. 白菜帮洗净，切条，加入盐腌片刻，挤干水分，放入碗中。

2. 将蒜末、辣椒面、五香粉、白醋、盐调匀成味汁。

3. 将调好的味汁浇在白菜上搅拌均匀，分层次装入盘中即可。

芥末白菜墩 蔬菜

原料 大白菜500克

调料 芥末、米醋、白糖、盐各适量

做法

1. 大白菜切去老根，冲洗干净，切成长圆墩状。

2. 锅入开水烧沸，将白菜墩逐段放入漏勺中，用开水浇烫几次。

3. 烫过的白菜沥干水分，码成圆墩型，放入盘中，撒上盐、芥末、白糖，浇入米醋，密封后焖腌片刻，装盘即可。

椒香圆白菜 蔬菜

原料 圆白菜300克

调料 花椒、麻油、植物油、酱油、醋、白糖、盐各适量

做法

1. 圆白菜择洗干净，切成小块，放入沸水中焯熟，取出过凉。

2. 取一小碗，放入圆白菜块，加入麻油、白糖、醋、酱油、盐搅拌均匀。

3. 锅入植物油烧热，下入花椒粒炸出香味，倒在圆白菜块上，拌匀即可。

麻辣白菜卷 蔬菜

原料 圆白菜500克，干红辣椒10个

调料 花椒、花生油、盐各适量

做法

1. 将圆白菜一片片从根部掰下来，洗净沥干；干红辣椒洗净，切成小节。

2. 锅入油烧热，放入干红辣椒节、花椒炸出香味，放入圆白菜煸炒，加入盐调味，待菜叶稍软，盛入碟中，凉凉。

3. 将菜叶卷成笔杆形，切成小节，码入盘中即可。

炝圆白菜卷 蔬菜

原料 圆白菜500克，干红辣椒30克

调料 植物油、醋、酱油、白糖、盐各适量

做法

1. 圆白菜洗净，沥干水分；干红辣椒洗净，切丝。

2. 锅入油烧热，下入圆白菜快速翻炒，加入盐、酱油、白糖炒至断生，加入醋炒匀，盛出。

3. 另起锅入油烧热，放入干红辣椒丝炝一下，捞出。

4. 将圆白菜依次铺开，放几根干红辣椒丝，卷成粗卷，装盘即可。

青椒炝菜丁

原料 圆白菜200克，青尖椒、红尖椒各50克

调料 豆豉、花椒、植物油、盐各适量

做法

1. 圆白菜洗净，切成丁；青尖椒洗净，切丁；红
   尖椒洗净，切段。

2. 锅入油烧热，放入红尖椒段、青尖椒丁、花
   椒、豆豉炝炒出香味，再放入圆白菜丁、盐炝
   炒入味，装盘即成。

蛋黄菜卷

原料 圆白菜叶150克，咸蛋黄400克

做法

1. 圆白菜叶洗净，放入沸水锅中焯水，捞出；咸
   蛋黄拍开，剁碎，压成泥。

2. 将咸蛋黄放在圆白菜叶上卷紧，上蒸笼蒸熟，
   凉凉，切成小段状，装盘即可。

功效 减肥美容，预防贫血，抗癌。

红椒拌圆白菜

原料 圆白菜200克，红杭椒100克

调料 葱段、蒜末、辣椒油、生抽、白糖、盐各适
     量

做法

1. 圆白菜洗净，撕成片，用盐腌渍片刻，冲水沥
   干；红杭椒洗净，去籽切段。

2. 取一大碗，放入圆白菜片、红杭椒段，加入蒜
   末、葱段、生抽、白糖、盐，淋辣椒油拌匀，
   装盘即可。

什锦圆白菜

原料 圆白菜300克，鲜香菇100克，红辣椒20克

调料 姜丝、香油、盐各适量

做法

1. 圆白菜洗净，撕块；鲜香菇洗净，放入沸水中
   焯熟，冲凉，切块；红辣椒洗净，切丁。

2. 将圆白菜块、香菇块放入碗中，加入红辣椒
   丁、姜丝、盐拌匀，淋上香油即可。

翡翠玉卷 蔬菜

原料 圆白菜叶200克，金针菇、胡萝卜各150克，竹笋50克

调料 胡椒粉、油、生抽、白糖、盐各适量

做法

1. 圆白菜叶洗净，烫软捞出，冲凉沥干；金针菇洗净；胡萝卜、竹笋分别洗净，切细丝。

2. 锅入油烧热，放入笋丝炒至水干，再加入金针菇、胡萝卜丝炒熟，倒出。将生抽、白糖、盐、胡椒粉调成味汁，装入碟中。

3. 圆白菜叶包入炒熟的馅料，装盘即可。

黄芥末菜卷 蔬菜

原料 圆白菜嫩叶400克

调料 芥末、花椒油、香油、白糖、白醋、盐各适量

做法

1. 圆白菜叶洗净，去掉硬梗，用沸水略焯一下，捞出凉凉。

2. 将圆白菜叶放入盘中，加入盐、花椒油拌匀，卷成粗卷，切成4厘米长的段，摆入盘中。

3. 芥末用沸水调开，凉凉，用白糖、白醋拌匀，放入温暖处发酵，再拌入盐、香油搅匀，浇在菜卷上即可。

酱拌圆白菜 蔬菜

原料 圆白菜300克

调料 蒜片、姜末、蚝油、辣椒油、生抽、白糖、盐各适量

做法

1. 圆白菜撕成片，加盐腌渍出水，冲水沥干，装入碗中。

2. 将蒜片、姜末、生抽、蚝油、白糖调匀成味汁，浇在圆白菜上拌匀，淋辣椒油即可。

三色泡菜 蔬菜

原料 圆白菜300克，胡萝卜、白萝卜各100克，红杭椒圈20克

调料 白醋、白糖、盐各适量

做法

1. 白萝卜、胡萝卜去皮洗净，切小方块；圆白菜洗净，撕片，加入盐腌出水分，冲水沥干。

2. 将白萝卜块、胡萝卜块、圆白菜片放入碗中，加入白醋、白糖、红杭椒圈拌匀，腌渍片刻，拌匀入味，装盘即可。

枸杞水泡菜

原料 圆白菜300克，大枣50克，枸杞10克

调料 姜片、蒜片、花椒、醋、黄酒、白糖、盐各适量

做法

1. 圆白菜洗净，撕块，沥干表面水分。

2. 锅入适量清水，放入枸杞、大枣，放入醋、盐、白糖、花椒、姜片、蒜片、黄酒，开锅后放凉，制成卤菜水。

3. 圆白菜块放入碗中，倒入卤菜水，腌渍片刻即可。

酸辣卤菜卷

原料 圆白菜、白萝卜、胡萝卜、青椒丝、红椒丝各100克

调料 香菜段、辣椒油、醋、白糖、盐各适量

做法

1. 白萝卜洗净去皮，切薄长方片，加入盐腌渍回软冲水，沥干。

2. 胡萝卜洗净切丝，同青红椒丝焯水冲凉，沥干。

3. 在白萝卜片中放入胡萝卜丝，青椒丝、红椒丝、香菜段，卷成卷，码盘中。将辣椒油、醋、白糖、盐调成汁，浇在菜卷上卤至入味即可。

咸糖醋辣芹菜

原料 芹菜300克，红辣椒丝10克

调料 姜末、花椒油、醋、白糖、盐各适量

做法

1. 芹菜择叶洗净，切段，焯水冲凉，沥干水分。

2. 芹菜段放入碗中，放入盐、醋、白糖、姜末、红辣椒丝，淋上花椒油拌匀，装盘即可。

特点 酸辣甜咸，味道别致。

咸芝麻芹菜丁

原料 芹菜300克，熟白芝麻10克

调料 姜末、花椒油、盐各适量

做法

1. 芹菜择叶，洗净，切丁，焯水冲凉，沥干水分。

2. 将芹菜丁加入盐、姜末、熟白芝麻，淋上花椒油，搅拌均匀，装盘即可。

酸辣西芹百合 蔬菜

原料 西芹300克，百合100克，辣椒丝10克

调料 辣椒油、醋、盐各适量

做法

1. 芹菜择叶洗净，切条，放入沸水中焯水，冲凉，沥干水分；百合掰散，洗净。

2. 将西芹条、百合放入碗中，加入盐、醋、辣椒丝拌匀，淋辣椒油，装盘即可。

红椒拌芹菜 蔬菜

原料 嫩芹菜200克，鲜红辣椒100克

调料 姜末、花椒油、盐各适量

做法

1. 芹菜去叶，洗净，切成5厘米长的段，用沸水烫一下，捞出放凉，沥干水分。

2. 鲜红辣椒洗净，去蒂、籽，切成细丝。

3. 将芹菜段摆入盘中垫底，放入红辣椒丝，加入盐、姜末，淋花椒油，拌匀即可。

拌脆芹菜 蔬菜

原料 芹菜400克

调料 花椒、蒜末、姜末、花生油、盐各适量

做法

1. 芹菜择叶洗净，切段，放入沸水中焯水，冲凉，沥干水分。

2. 将花椒、蒜末、姜末放入碗中，锅入花生油烧热，浇入碗中，待出香味。

3. 将芹菜段放入盐，倒入热油，拌匀装盘即可。

粉蒸芹菜叶 蔬菜

原料 芹菜叶200克，面粉50克

调料 蒜泥、红油、醋、酱油、盐各适量

做法

1. 芹菜叶择洗干净，撒入适量面粉拌匀。

2. 将拌好芹菜叶上蒸锅蒸5分钟，取出，放入盘中。

3. 将酱油、盐、醋、蒜泥、红油调入盘中，拌匀即可。

芹黄拌海米

原料 芹黄200克，海米30克

调料 香油、盐各适量

做法

1. 芹黄择洗干净，切段，放入沸水锅中，焯水，捞出过凉，沥干。

2. 海米用温水泡洗干净，捞出沥干。

3. 将芹黄段、海米放入盛器中，加盐、香油拌匀即可。

酱香芹菜根

原料 芹菜根200克

调料 姜粒、生抽、酱油、白糖各适量

做法

1. 芹菜根洗净，切厚片，沥干水分。

2. 取一大碗，放入生抽、酱油、白糖，调制成腌汁，再放入芹菜根、姜粒腌渍片刻，拌匀即可。

热炝菠菜

原料 菠菜400克，干辣椒10克

调料 花生油、盐各适量

做法

1. 菠菜去根洗净，焯水冲凉，沥干水分；干辣椒洗净，切成小段，放入碗中备用。

2. 锅入油烧至七成热，倒入盛放干辣椒的碗中，炝出辣香味。

3. 菠菜加入盐，倒入干辣椒油搅拌均匀，装盘即可。

云丝炝菠菜

原料 菠菜200克，蛋皮50克，干辣椒、湿云丝各50克

调料 盐、油各适量

做法

1. 菠菜、云丝择洗干净，切段，放沸水锅中略焯，捞出过凉；蛋皮切丝；干辣椒洗净，切段。

2. 菠菜段、蛋皮丝、云丝加盐，拌匀，装入盘中。

3. 锅入油烧热，放入干辣椒段炸香，浇在菠菜上，拌匀即可。

芥末拌菠菜 蔬菜

原料 菠菜500克

调料 芥末油、香油、盐各适量

做法

1. 菠菜择洗干净，切成1.5厘米长的段，放入沸水锅中焯熟，捞出，入凉水过凉。

2. 将菠菜加入芥末油、香油、盐，搅拌均匀，装盘即可。

特点 软嫩适口，芥香味美。

虾皮拌菠菜 蔬菜

原料 嫩菠菜300克，小虾皮50克

调料 姜末、香油、醋、白糖、盐各适量

做法

1. 虾皮用沸水浸泡片刻，捞出沥干水分；菠菜洗净，切成段，放入沸水锅中略烫，迅速捞出，沥干水分，放入盘中。

2. 将虾皮、盐、白糖、醋、姜末放入小碗中拌匀，倒在菠菜上，淋上香油，拌匀即可。

蛋皮拌菠菜 蔬菜

原料 菠菜250克，鸡蛋2个

调料 葱丝、姜丝、花椒、水淀粉、香油、盐各适量

做法

1. 菠菜洗净，捞出沥干水分；鸡蛋磕入碗中，加盐、水淀粉搅匀，放入油锅中摊成蛋皮，切丝。

2. 菠菜入沸水焯软，捞出过凉，加入盐、葱丝、蛋皮丝、姜丝拌匀。

3. 锅入香油烧热，加入花椒，煸炒出香味，捞出花椒，将油浇在菠菜上，拌匀即可。

姜汁拌菠菜 蔬菜

原料 菠菜1000克

调料 姜末、香油、醋、酱油、盐各适量

做法

1. 菠菜择洗干净，切段。

2. 锅中加入适量清水烧沸，放入菠菜煮熟，捞出，沥干水分，装盘凉凉。

3. 将姜末、醋、酱油、盐放入碗中调匀，浇在菠菜上拌匀，淋上香油即可。

辣炝菜花 蔬菜

原料 菜花300克，红小米辣30克，干辣椒10克

调料 葱末、花椒、花生油、盐各适量

做法

1. 菜花掰成小朵洗净，焯水冲凉，沥干水分，装入碗中；小米辣洗净，切粒。

2. 锅入油烧热，放入花椒、干辣椒炸出香味，备用。

3. 将小米辣粒、葱末放入菜花中，加入盐调味，倒入炸好的辣椒油，拌匀即可。

酸辣炝双花 蔬菜

原料 菜花、西蓝花、青椒各150克，干辣椒50克

调料 醋、盐、油各适量

做法

1. 菜花、西蓝花分别掰成小朵，洗净，放入沸水中焯熟；青椒洗净，切节；干辣椒洗净，切丝。

2. 将菜花、西蓝花、青椒节放入碗中，加入盐、醋调匀。

3. 锅入油烧热，下入干辣椒丝炸香，浇入碗中，拌匀即可。

山楂淋菜花 蔬菜

原料 菜花200克，山楂罐头100克

调料 香油、白糖各适量

做法

1. 菜花掰成小朵，洗净，放入盐水中浸泡10分钟，捞出，放入沸水锅中焯烫至熟透，捞出，沥干水分。

2. 将菜花块放入盘中摊平，放入山楂，浇山楂汁，撒上白糖，淋香油即可。

海带拌菜花 蔬菜

原料 菜花200克，海带100克

调料 葱花、花椒油、盐各适量

做法

1. 菜花掰成小朵，洗净，焯水冲凉；海带放入沸水中煮熟，冲凉，切菱形块。

2. 将菜花、海带块放入大碗中，加入盐，淋花椒油，撒上葱花，拌匀即可。

芥末拌菜花

原料 菜花500克

调料 芥末、香油、醋、盐各适量

做法

1. 菜花掰成小朵，洗净，放入沸水锅中焯熟，捞出，沥干水分，放入盘中。

2. 芥末放入碗中，加少量沸水调匀，盖上盖焖至出辣味，加入盐、醋、香油拌匀，浇在菜花上即可。

辣椒油拌双花

原料 菜花200克，西蓝花150克

调料 蒜末、辣椒油、醋、盐各适量

做法

1. 菜花掰成小块，洗净，焯熟过凉，捞出沥水，放入盘中。

2. 西蓝花掰成小块，洗净，入沸水锅中焯熟，放入凉水中过凉，捞出沥水，放入菜花盘中。

3. 将辣椒油、蒜末、盐、醋倒入碗内调成汁，浇入盘中，拌匀即可。

红乳菜花

原料 菜花400克

调料 腐乳、花椒油各适量

做法

1. 菜花掰成小朵，洗净，焯水冲凉，沥干水分，放入盘中。

2. 腐乳压成泥，加入腐乳汁调成料汁，浇在菜花上，搅拌均匀，淋上花椒油即可。

特点 菜花细嫩，味道鲜香。

椒油西蓝花

原料 西蓝花150克，红辣椒20克

调料 蒜末、花椒油、醋、盐各适量

做法

1. 西蓝花掰成小块，洗净，放入沸水锅中焯熟，放入凉水过凉，捞出沥水，放入盘中；红辣椒洗净，切细粒。

2. 将花椒油、蒜末、盐、醋倒入碗内调成汁，浇在西蓝花上，撒上红辣椒粒，拌匀即可。

凉拌番茄

原料 番茄400克，洋葱100克

调料 胡椒粉、香油、醋、白糖、盐各适量

做法

1. 番茄放入沸水锅中烫一下，剥去皮，切成厚0.6厘米的橘瓣状，码入盘中。

2. 洋葱去皮洗净，切细丝，用沸水烫一下，沥干，放入盘中，撒上盐、胡椒粉、白糖、醋拌匀，放入冰箱冷藏室中腌渍片刻，淋香油，装盘即可。

番茄三丝

原料 番茄200克，白萝卜、莴笋、火腿各100克

调料 香油、醋、白糖、盐各适量

做法

1. 白萝卜、莴笋分别去皮，洗净，切丝；火腿切成细丝；番茄洗净，切成小块。

2. 将番茄块、白萝卜丝、莴笋丝、火腿丝放入盘中，加入盐、香油、白糖、醋，拌匀即可。

雪菜笋丝

原料 干竹笋300克，雪菜100克，炸花生米50克

调料 花椒粉、辣椒油、植物油、红油、生抽、盐、香油各适量

做法

1. 干竹笋用温水浸泡，捞出，撕成粗丝，切短节，入开水锅中焯两次，捞出，沥干水分；雪菜洗净，切段。

2. 油锅烧热，加入辣椒油炒香，放入竹笋丝翻炒，倒入盛器中，加入盐、生抽、红油、花椒粉调味，放入炸花生米、雪菜，淋香油拌匀即可。

麻辣明笋丝

原料 水发笋丝400克

调料 葱丝、蒜泥、芝麻酱、辣椒油、花椒粉、酱油、白糖、盐各适量

做法

1. 水发笋丝入沸水中焯水，冲凉，沥干水分。

2. 将笋丝、葱丝放入盛器中，放入酱油、花椒粉、白糖、蒜泥、芝麻酱、辣椒油、盐拌匀，装碗即可。

冬笋拌荷兰豆 蔬菜

原料 荷兰豆荚、冬笋各200克，胡萝卜50克

调料 蚝油、香油、白糖、盐各适量

做法

1. 荷兰豆荚掐去两头尖角，洗净，切丝；冬笋洗净，切成丝；胡萝卜洗净去皮，切丝。

2. 锅入清水，下入冬笋丝、荷兰豆荚烧开，焯烫2分钟，捞出。

3. 将荷兰豆荚入冷水浸泡，捞出沥干，放入碗中，加入冬笋丝、胡萝卜丝，加入盐、白糖，淋蚝油、香油，拌匀即可。

凉拌芦丝 蔬菜

原料 芦笋300克，洋葱丝20克，红椒丝10克

调料 香油、盐各适量

做法

1. 芦笋去老皮洗净，切丝，焯水冲凉，沥干水分。

2. 将芦笋丝、洋葱丝、红椒丝放入碗中，加入适量盐，搅拌均匀，淋香油即可。

提示 芦笋烹调前，用清水浸泡可去除苦味。

糟汁醉芦笋 蔬菜

原料 芦笋200克

调料 醪糟汁、枸杞、盐各适量

做法

1. 芦笋去皮洗净，改刀切成4厘米的节。

2. 锅入清水烧沸，放入芦笋焯至断生，捞出，放入盆中，加入醪糟汁、枸杞、盐拌匀，装盘即可。

特点 色泽乳白，脆嫩爽口。

酸辣玉芦笋 蔬菜

原料 芦笋200克

调料 辣椒油、醋、盐各适量

做法

1. 芦笋洗净，削去皮，切成厚片，放入沸水锅中焯水，捞出，放入盆中。

2. 取一只碗，放入盐、辣椒油、醋调成酸味辣汁，浇在芦笋上拌匀，装盘即可。

麻辣莴笋 蔬菜

原料 莴笋500克

调料 花椒、干辣椒、香油、盐各适量

做法

1. 莴笋去皮洗净，切成长6厘米、宽1厘米的条，用盐腌渍片刻，沥干水分；干辣椒洗净，切成段。

2. 锅入香油烧热，下入花椒炸糊，拣出，再下入干辣椒段，炸出香味，下入莴笋条，翻炒几下，倒出凉凉，装盘即可。

腐乳卤春笋 蔬菜

原料 莴笋400克

调料 辣豆腐乳汁、香油各适量

做法

1. 莴笋去皮洗净，改刀切成长方形长条，放入沸水锅中烫一下，捞出冲凉，沥干水分。

2. 将莴笋条放入碗中，放入辣豆腐乳汁拌匀，淋香油即可。

麻辣莴笋尖 蔬菜

原料 莴笋尖500克

调料 蒜泥、芝麻酱、花椒粉、辣椒油、酱油、白糖、盐各适量

做法

1. 莴笋尖去皮洗净，切成长段。

2. 锅入清水烧热，放入莴笋尖焯水，捞出冲凉，沥干水分。

3. 将莴笋尖放入碗中，放入酱油、花椒粉、白糖、蒜泥、芝麻酱、盐拌匀，淋辣椒油即可。

蚕豆玉米笋 蔬菜

原料 玉米笋200克，蚕豆100克，胡萝卜50克

调料 姜末、白糖、香油、盐各适量

做法

1. 胡萝卜洗净去皮，切成长条；玉米笋、蚕豆分别洗净，备用。

2. 锅入清水烧沸，放入玉米笋、蚕豆焯熟，冲凉，沥干水分；胡萝卜条焯水，沥干。

3. 将玉米笋、蚕豆、胡萝卜条放入碗中，加入姜末、白糖、盐调味，淋香油，拌匀即可。

凉拌莴笋干 蔬菜

原料 莴笋干300克，红辣椒10克

调料 花椒油、盐各适量

做法

1. 莴笋干用温水泡发回软，焯水冲凉，沥干水分；红辣椒洗净，切细末。

2. 莴笋干放入碗中，加入盐、红辣椒末拌匀，淋花椒油即可。

特点 口感自然，味道鲜香。

红油拌莴笋 蔬菜

原料 嫩莴笋400克

调料 干辣椒、花生油、醋、盐各适量

做法

1. 莴笋去皮洗净，切成斜片，放入碗中，加入盐拌腌5分钟，捞出沥干水分，放入盘中；干辣椒洗净，切长节。

2. 锅入花生油烧热，下入干辣椒节煸香，浇在莴笋上，加入盐、醋，拌匀即可。

辣酱莴笋 蔬菜

原料 莴笋400克

调料 蒜末、辣椒酱、香油各适量

做法

1. 莴笋洗净，切成长片，放入沸水锅中焯水，冲凉沥干。

2. 莴笋片放入盘中，加入蒜末、辣椒酱，淋香油，拌匀即可。

提示 保存莴笋时用冰水浸凉，然后用毛巾吸干水分，用沾湿的纸巾包好，放进冰箱保存。

泡鲜笋 蔬菜

原料 鲜莴笋500克，青椒丝、红椒丝各100克

调料 姜丝、辣酱、白醋、料酒、白酒、白糖、盐各适量

做法

1. 鲜莴笋切去根部，去皮洗净，切成滚刀块。

2. 锅入清水烧沸，放入莴笋块，焯透捞出，凉水投凉。

3. 将莴笋块、青椒丝、红椒丝装入泡菜坛中，加入适量水、盐、料酒、白酒、姜丝、白醋、辣酱、白糖调味，泡腌片刻，装盘即可。

鲜辣韭菜 蔬菜

原料 韭菜300克,鲜辣椒丁20克

调料 姜末、辣椒油、盐各适量

做法

1. 韭菜洗净,用沸水烫一下,冲凉沥干,切粗粒。

2. 韭菜粒放入碗中,加入姜末、辣椒丁、盐,淋辣椒油拌匀,装盘即可。

提示 消化不良或者肠胃功能较弱的人,食用韭菜后会烧心难受,不可多食。

韭薹拌火腿 蔬菜

原料 韭薹300克,火腿50克

调料 花椒油、白糖、盐各适量

做法

1. 韭薹择去老根,洗净,加入沸水中焯水,捞出沥水,切段;火腿切成丝。

2. 韭薹段、火腿丝放入碗中,加入白糖、盐调味,淋花椒油,拌匀即可。

萝卜干拌毛豆 蔬菜

原料 腌萝卜干300克,毛豆100克

调料 干红辣椒、植物油、香油各适量

做法

1. 腌萝卜干泡软,洗净切成丁;毛豆放入沸水中煮熟,捞出;干红辣椒洗净,切末。

2. 锅入油烧热,放入干红辣椒末炸至成辣椒油。

3. 萝卜丁放入碗中,加入毛豆、辣椒油拌匀,淋入香油即可。

腌拌菊花萝卜 蔬菜

原料 白萝卜300克,胡萝卜50克,青杭椒、红杭椒各10克

调料 香油、盐各适量

做法

1. 白萝卜洗净去皮,切成大方块,然后切十字花刀,切至原料四分之三,不要切断;胡萝卜洗净,切块;青杭椒、红杭椒分别洗净,切小段。

2. 白萝卜块、胡萝卜块,加盐腌渍,冲水沥干,放入碗中,加入青杭椒段、红杭椒段,加入盐调味,淋香油,拌匀即可。

开胃萝卜

原料 白萝卜300克，胡萝卜100克

调料 干辣椒、白醋、白糖、盐各适量

做法

1. 白萝卜、胡萝卜分别洗净去皮，切方丁，用盐腌渍片刻，冲水，沥干水分；干辣椒洗净，切段。

2. 将白萝卜丁、胡萝卜丁放入碗中，加入盐、白糖、白醋、干辣椒段，拌匀即可。

爽口萝卜

原料 白萝卜300克，黄菜椒条、青菜椒条各50克

调料 花椒油、盐各适量

做法

1. 白萝卜洗净，去皮切条，加盐腌渍，冲水沥干。

2. 黄菜椒条、青菜椒条放入沸水中焯水，冲凉沥干。

3. 将白萝卜条、黄菜椒条、青菜椒条放入碗中，加入盐，淋上花椒油，拌匀即可。

甜酸萝卜条

原料 白萝卜400克

调料 干辣椒丝、白醋、白糖、盐各适量

做法

1. 白萝卜去皮洗净，切成长条，加入盐腌渍片刻，冲水，沥干水分，备用。

2. 白萝卜条放入碗中，加入白醋、白糖、干辣椒丝腌渍片刻，装盘即可。

酱萝卜条

原料 白萝卜400克

调料 酱油、白糖、盐各适量

做法

1. 白萝卜洗净去皮，切成长条，加入盐，腌渍出水后洗净，沥干水分，备用。

2. 萝卜条放入碗中，加上酱油、盐、白糖调味，腌泡片刻，捞出装盘即可。

冰镇小红丁 蔬菜

原料 小红萝卜200克

调料 刨冰水、冰糖各适量

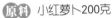
做法

1. 红萝卜洗净，切去根、梗，改十字花刀，放入刨冰水，放入冰箱冷冻片刻。

2. 冰糖用温水化开，凉凉。

3. 将红萝卜取出，浇上冰糖水，放入器皿中即可。

利水萝卜丝 蔬菜

原料 红皮萝卜200克

调料 辣椒油、香油、芝麻、盐各适量

做法

1. 红皮萝卜去皮洗净，切成长10厘米、粗0.2厘米的细丝，用盐微腌，冲水沥干。

2. 将萝卜丝放入盆中，淋香油、辣椒油，撒上芝麻，拌匀即可。

香油双色萝卜 蔬菜

原料 红心萝卜200克，白萝卜150克

调料 香菜段、姜丝、花椒、香油、醋、盐各适量

做法

1. 红心萝卜、白萝卜洗净，切细丝，加少许盐腌片刻，沥干水分，盛入盘中。

2. 锅入香油烧热，放入花椒稍炸，捞去花椒，下入姜丝爆锅，加适量水、盐、醋调匀，浇到萝卜丝上拌匀，撒香菜段即可。

麻辣萝卜丝 蔬菜

原料 红心萝卜300克

调料 辣椒油、香油、酱油、花椒油、盐各适量

做法

1. 红心萝卜洗净，切成细丝，加少许盐拌匀，腌5分钟，冲水沥干，放入盘中。

2. 将酱油、辣椒油、香油、盐、花椒油调匀成调味汁，浇在萝卜丝上，拌匀即可。

凉拌三丝 · 蔬菜

原料 胡萝卜100克，豆皮丝、粉丝各100克

调料 香菜段、干辣椒段、花椒、香油、醋、生抽、白糖、盐各适量

做法

1. 胡萝卜洗净，切丝；粉丝放入温水泡发。

2. 锅入香油烧热，放入干辣椒段、花椒炸至变色，备用。

3. 取一只碗，放入胡萝卜丝、豆皮丝、粉丝、香菜段，调入生抽、醋、白糖、香油、盐拌匀，浇上花椒油即可。

胡萝卜沙拉 · 蔬菜

原料 胡萝卜150克，土豆60克，红腰豆、青豆各25克，鸡蛋2个

调料 油、白醋、白糖、盐各适量

做法

1. 胡萝卜洗净去皮，切丁；土豆洗净去皮，煮熟，切丁；青豆、红腰豆煮熟；胡萝卜丁、土豆丁、青豆、红腰豆放入盆中，备用。

2. 鸡蛋去清，放入碗中，加盐、白糖搅匀，加入油，至油和蛋黄成为糊状，滴入白醋，倒入装有原料的盆中，调入盐，拌匀即可。

海米拌茄子 · 蔬菜

原料 长茄条500克，海米50克，青椒末、红椒末各20克

调料 蒜末、香油、酱油各适量

做法

1. 茄子切去两头，隔水蒸熟，撕成粗条，切成7厘米长的段，装入盘中。

2. 将海米、蒜末、青椒末、红椒末依次摆放在茄子上。

3. 酱油、香油放入碗中调匀，浇在茄子上即可。

凉拌茄子 · 蔬菜

原料 茄子400克，青椒末20克

调料 蒜泥、蚝油、辣椒油、生抽、白糖、盐各适量

做法

1. 茄子洗净，切成长段，放入蒸锅中蒸制4分钟，出锅凉凉，装入盘中。

2. 青椒末、蒜泥、生抽、蚝油、白糖、辣椒油、盐调匀成味汁。

3. 将调制好的味汁浇在茄子上，拌匀即可。

蒜泥浇茄子 蔬菜

原料 茄子500克

调料 蒜泥、辣椒油、香油、醋、酱油、盐各适量

做法

1. 茄子去皮洗净，切成长条，放入蒸锅中蒸熟，摆入盘中。

2. 将蒜泥、辣椒油、香油、醋、酱油、盐调匀，浇在茄子上，拌匀即可。

提示 蒸好的茄子去掉皮并适当剪短，这样更容易入味。

芝麻拌苦瓜 蔬菜

原料 苦瓜400克，熟白芝麻15克

调料 蒜末、香油、白糖、盐各适量

做法

1. 苦瓜洗净，从中间切开，去籽，切成片，放入沸水锅中焯水，捞出沥干。

2. 苦瓜片中加入盐、白糖、蒜末拌匀，淋香油，撒熟白芝麻，装盘即可。

怪味苦瓜 蔬菜

原料 苦瓜400克

调料 葱花、姜末、蒜末、辣椒油、豆豉、植物油、香油、醋、白糖、盐各适量

做法

1. 苦瓜洗净剖开，去掉瓜瓤，切成长条，放入沸水锅中煮至断生，捞出，沥干水分，撒上盐、香油上碟。

2. 锅入油烧热，下入葱花、姜末、蒜末、辣椒油、豆豉、香油、白糖、醋、盐炒香，淋在苦瓜上拌匀，装盘即可。

香菜拌土豆丝 蔬菜

原料 土豆丝250克

调料 香菜段、熟黑芝麻、蒜末、辣椒油、盐各适量

做法

1. 土豆丝用凉水洗一下，捞出沥干，放入沸水中烫至断生，捞出投凉，沥干水分。

2. 土豆丝放入碗中，加入蒜末、盐、香菜段、辣椒油拌匀，撒上熟黑芝麻，装盘即可。

双椒拌薯丝

蔬菜

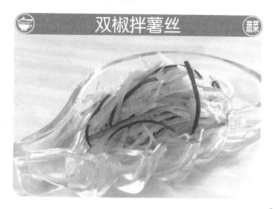

原料 土豆300克，青辣椒200克，红辣椒100克

调料 醋、白糖、盐各适量

做法

1. 青辣椒、红辣椒分别去蒂、籽洗净，切细丝。

2. 土豆削去皮洗净，切成细丝。

3. 锅入清水烧沸，放入土豆丝焯熟，放入冷水泡凉，捞出，装入盆中，放入青辣椒丝、红辣椒丝，调入白糖、盐、醋，拌匀即可。

香拌土豆泥

蔬菜

原料 土豆300克

调料 葱花、蒜末、植物油、白糖、盐各适量

做法

1. 土豆去皮洗净，放入蒸锅中蒸熟，压成泥。

2. 锅入油烧热，下入蒜末、葱花炸至呈金黄色，捞出。

3. 将土豆泥中加入盐、白糖调味，再撒上炸好的蒜末、葱花拌匀，装入器皿中即可。

芹菜拌土豆丝

蔬菜

原料 土豆200克，西芹50克

调料 植物油、花椒、盐各适量

做法

1. 土豆去皮洗净，切丝，放入沸水中焯熟；西芹洗净，斜刀切成丝，放入沸水中焯熟。

2. 锅入油烧热，下入花椒炸香，成花椒油。

3. 取一只碗，放入西芹丝、土豆丝，加入盐调味，浇上花椒油，拌匀即可。

蓝莓雪山

蔬菜

原料 山药200克，黄瓜20克

调料 马蹄粒、沙拉酱、蓝莓酱各适量

做法

1. 山药去皮洗净，放入锅中蒸熟，捣成山药泥，加入马蹄粒，搅拌均匀；黄瓜洗净，切成片。

2. 山药泥中加入沙拉酱调匀成糊状，放入盘中，堆成雪山状。

3. 将黄瓜片刻成兰花叶形状，摆入盘中，浇上蓝莓酱即可。

橙汁山药 蔬菜

原料 山药、圣女果各200克

调料 蜂蜜、橙汁、白糖各适量

做法

1. 圣女果洗净，切成方块，铺在盘底。

2. 山药去皮洗净，切成片状，用橙汁、白糖泡制入味，摆放到圣女果上，淋上蜂蜜，装入盘中即可。

特点 独特清香，口味丰富。

麻辣南瓜 蔬菜

原料 南瓜300克

调料 葱花、油辣子、花椒粉、香油、醋、生抽、白糖、盐各适量

做法

1. 南瓜洗净去皮，切细条，撒上盐，腌片刻，捞出，放入沸水中煮至断生，摆入盘中。

2. 小碗中加上盐、白糖、生抽、醋、油辣子、香油、花椒粉拌匀成调味汁，浇到南瓜上，撒上葱花即可。

豆豉拌南瓜 蔬菜

原料 南瓜500克，红椒50克

调料 葱花、香油、红油、豆豉、酱油、白糖各适量

做法

1. 南瓜削皮洗净，切成长条，入蒸笼蒸至软熟不烂，取出凉凉，放入盘中堆码整齐；红椒洗净，切段。

2. 将豆豉、红椒段分别剁细，放入碗中，加入酱油、白糖、红油、香油调匀成味汁，浇在南瓜条上，撒上葱花即可。

蚕豆拌南瓜 蔬菜

原料 南瓜400克，蚕豆50克

调料 香油、白糖、盐各适量

做法

1. 南瓜洗净去皮，切成块，放入沸水锅中焯水至熟，捞出冲凉，沥干水分。

2. 蚕豆洗净去皮，放入沸水锅中煮熟，捞出晾干。

3. 将蚕豆、南瓜块放入碗中，加入盐、白糖拌匀，淋上香油即可。

油淋黄瓜 蔬菜

原料 黄瓜300克，番茄50克，干辣椒10克

调料 姜丝、花生油、白糖、盐各适量

做法

1. 黄瓜洗净切片，摆入盘中；干辣椒洗净，切丝。
2. 番茄洗净，切丁，放在黄瓜片上。
3. 将盐、白糖、干辣椒丝、姜丝放入碗中，锅入油烧热，浇入碗中，烹出香味，淋在黄瓜片上，拌匀即可。

炝黄瓜 蔬菜

原料 鲜嫩黄瓜500克，干红辣椒50克

调料 花椒、香油、盐各适量

做法

1. 黄瓜洗净，切成长条，放入盐腌片刻；干红辣椒洗净，切段。
2. 锅入香油烧热，放入干红辣椒段、花椒，炒出香味，然后放入黄瓜翻炒几下，盛入碗中，凉凉即可。

爽口黄瓜 蔬菜

原料 黄瓜400克，干辣椒20克，五花肉粒30克

调料 姜末、花生油、盐各适量

做法

1. 黄瓜洗净，切方丁，放入碗中。
2. 干辣椒洗净，切丁。
3. 锅入油烧热，放入五花肉粒翻炒，加入姜末、干辣椒丁炒至呈金黄色，倒入盛黄瓜丁的碗中，加入盐调味，拌匀即可。

腌拌黄瓜条 蔬菜

原料 黄瓜300克，干辣椒丝10克

调料 蒜片、姜片、香油、生抽、白糖、盐各适量

做法

1. 黄瓜洗净，去瓤切条，加入盐腌渍片刻，冲水沥干。
2. 黄瓜条放入碗中，加入蒜片、干辣椒丝、姜片、生抽、盐、白糖，淋香油，拌匀即可。

蓑衣黄瓜 蔬菜

原料 黄瓜400克，干辣椒段10克

调料 花椒、花生油、醋、生抽、白糖、盐各适量

做法

1. 黄瓜洗净，改蓑衣花刀，加入盐腌渍片刻，捞出，冲凉沥干，放入盘中。

2. 生抽、醋、白糖、盐调匀成味汁，浇在黄瓜上拌匀。

3. 锅入油烧热，下入干辣椒段、花椒炸出香味，浇在黄瓜上，拌匀即可。

蜜枣柠檬瓜条 蔬菜

原料 黄瓜400克，蜜枣50克

调料 柠檬汁、白糖各适量

做法

1. 黄瓜去皮洗净，切成条，码入盘中；蜜枣切块，放入盘中。

2. 将柠檬汁加入小红辣椒、白糖调匀，浇在黄瓜条、蜜枣上，拌匀即可。

特点 清凉爽口，增进食欲。

辣酱黄瓜 蔬菜

原料 黄瓜300克，小红辣椒10克

调料 川味辣椒酱、香油各适量

做法

1. 黄瓜洗净，切成圆片；小红辣椒洗净，切小丁。

2. 黄瓜片中加入小红辣椒丁、川味辣椒酱、香油，搅拌均匀，装盘即可。

色泽浅红，甜辣可口。

特点

多味黄瓜 蔬菜

原料 黄瓜500克，海米30克，干辣椒10克

调料 姜丝、香油、醋、酱油、白糖、盐各适量

做法

1. 黄瓜洗净，切滚刀块，加盐拌匀，出水后沥干；干辣椒洗净，切丝；海米用温水泡洗，沥干。

2. 锅入油烧热，倒入干辣椒丝、姜丝，煸炒出香味，再加入酱油、白糖、醋，略熬成汁，淋香油拌匀，倒入碗中。

3. 将腌好的黄瓜块、海米放入调味碗中拌匀，装盘即可。

爽口老虎菜 蔬菜

原料 黄瓜100克,青椒丝、红椒丝、豆腐皮各50克

调料 香菜段、葱丝、蒜末、红油、香油、醋、生抽各适量

做法

1. 黄瓜洗净,切成细丝;豆腐皮放入温水锅中稍浸至软,沥干,切细丝。

2. 将黄瓜丝、葱丝、青椒丝、红椒丝、豆腐皮丝放入碗中,加入香菜段、蒜末、生抽、醋调味,淋香油、红油,拌匀即可。

爽脆佛手瓜 蔬菜

原料 佛手瓜300克,红椒丝10克

调料 香油、盐各适量

做法

1. 佛手瓜洗净,切片,放入沸水中焯1分钟,捞出冲凉,沥干水分。

2. 佛手瓜中加盐、红椒丝,淋香油拌匀,装盘即可。

提示 佛手瓜尾部含有较多的苦味素,苦味素有抗癌的作用,所以吃佛手瓜时不要把尾部全部丢掉。

糖醋黄瓜卷 蔬菜

原料 黄瓜350克

调料 芝麻油、醋、白糖各适量

做法

1. 黄瓜洗净,切成小段,挖去中间的瓤及籽,仅留其皮肉,使其呈圆的形态。

2. 将白糖、醋调成味汁,放入黄瓜卷浸泡片刻,淋上芝麻油,拌匀即可。

柠汁青瓜 蔬菜

原料 黄瓜200克

调料 柠檬汁、白醋、盐各适量

做法

1. 黄瓜洗净,改刀切成长条。

2. 黄瓜条摆入碗中,加入适量水、盐、白醋、柠檬汁腌渍片刻,装盘即可。

特点 酸甜清香,清脆爽口。

简易泡菜 蔬菜

原料 蒜薹、藕各100克，胡萝卜、野山椒各50克

调料 姜片、花椒、白酒、白糖、盐各适量

做法

1. 蒜薹洗净，切段；藕洗净，切片；胡萝卜洗净，切条。

2. 锅入清水，加入盐、花椒、白糖、白酒、姜片烧开，凉凉，成泡菜卤。

3. 蒜薹段、藕片、胡萝卜条、野山椒放入盆中，浇入泡菜卤浸泡片刻，取出装盘即可。

麻辣蒜薹 蔬菜

原料 蒜薹300克，干辣椒10克

调料 花生油、麻椒、盐各适量

做法

1. 蒜薹洗净切段，放入沸水中烫一下，捞出，冲凉沥水；干辣椒洗净，切碎。

2. 将干辣椒碎、麻椒放入碗中，锅入油烧热，倒入碗中，过滤成麻辣油。

3. 将蒜薹加盐，淋入麻辣油拌匀，装盘即可。

泡蒜浸辣椒 蔬菜

原料 泡蒜300克，红小米辣30克

调料 白酒、白糖、盐各适量

做法

1. 泡蒜去皮，掰散；红小米辣洗净，晾干水分。

2. 泡蒜放入盛器中，放入红小米辣，加入盐、白糖、白酒腌渍入味，捞出，装入盘中即可。

泡椒糖蒜 蔬菜

原料 糖蒜500克

调料 醋、白糖、野山椒汁各适量

做法

1. 糖蒜去皮，掰散。

2. 将醋、白糖、野山椒汁放入锅中煮开2分钟，倒出凉凉。

3. 糖蒜放入容器中，倒入野山椒汁，浸泡入味，装盘即可。

开胃仔姜 蔬菜

原料 仔姜500克

调料 葱花、剁辣椒碎、香油、葱油、白糖、盐各适量

做法

1. 仔姜洗净，去皮切成小块，用盐腌渍片刻。

2. 将腌好的仔姜挤去多余的水分，加入剁辣椒碎、白糖、香油、葱油拌匀，撒上葱花，装盘即可。

提示 烂姜、冻姜不要吃，因为姜变质后会产生致癌物。

姜汁豆角 蔬菜

原料 豆角300克

调料 姜末、香油、醋、酱油、盐各适量

做法

1. 豆角洗净，除去两端，切成6厘米长的段，放入沸水锅中烫熟，捞起凉凉。

2. 姜末、醋调成姜汁，加入盐、香油、酱油、豆角段拌匀，装盘即可。

提示 豆角要选择嫩的、颜色翠绿的口感才好。

王婆豆角 蔬菜

原料 豆角400克，干辣椒10克

调料 葱丝、姜丝、花生油、生抽、白糖、盐各适量

做法

1. 豆角洗净，放入沸水中焯水，冲凉沥干，切成长段，放入盘中；干辣椒洗净，切细丝。

2. 锅入油烧热，放入姜丝、葱丝、干辣椒丝，调入生抽、白糖、盐，煸出香味，制成味汁。

3. 将调好的味汁浇在豆角段上，拌匀即可。

提示 豆角以表皮有光泽、饱满、色泽好者为佳。没有完全煮熟的豆角不宜食用。

原料 豆角300克，干红辣椒20克

调料 香油、花生油、盐各适量

做法

1. 豆角择洗干净，切成3厘米长的段，放入沸水中焯熟，捞出，投凉沥干；干红辣椒洗净，切成丝。

2. 焯好的豆角放入盘中，撒入盐拌匀。

3. 锅放花生油烧热，放入干红辣椒丝煸出香味，倒入碗中成辣椒油，凉凉与香油一起浇在豆角上拌匀，装入盘中即可。

香辣豆角 蔬菜

蒜泥拌豆角 蔬菜

原料 豆角300克

调料 蒜泥、麻椒油、辣椒油、生抽、盐各适量

做法

1. 豆角洗净，切段，放入沸水中焯熟，冲凉沥干。

2. 蒜泥放入碟中，加入生抽、盐、麻椒油、辣椒油调制成味汁。

3. 将调好的味汁浇在豆角上拌匀，装盘即可。

特点 蒜味浓香，脆嫩爽口。

豆角拌泡菜 蔬菜

原料 豆角400克，泡白菜100克，胡萝卜、干辣椒各20克

调料 姜丝、花椒油、香油、白糖、盐各适量

做法

1. 豆角择洗干净，切段，放入沸水锅中烫熟，捞出冲凉，沥干水分；泡白菜切条；胡萝卜洗净，切丝；干辣椒洗净，切丝。

2. 豆角段、泡白菜条、胡萝卜丝放入盛器中，加入辣椒丝、姜丝、盐、白糖，淋花椒油、香油拌匀，装盘即可。

提示 烹调前应将豆筋摘除，否则既会影响口感，又不易消化。

泡椒豆角 _{蔬菜}

(原料) 豆角400克，泡野山椒、红尖椒各30克

(调料) 花椒、泡椒汁、冰糖、盐各适量

(做法)

1. 豆角洗净，切段；红尖椒洗净，切段。

2. 锅入适量清水，放入豆角段，加入盐、花椒，煮3分钟捞出，沥干。

3. 取一容器，放入豆角段、泡野山椒、红尖椒段、泡椒汁，再放入冰糖，倒入适量水，放入冰箱冷藏片刻，取出装碟即可。

(特点) 酸辣适口，增强食欲。

椒丝炝四季豆 _{蔬菜}

(原料) 四季豆300克，红辣椒100克

(调料) 姜丝、香油、白糖、盐各适量

(做法)

1. 四季豆洗净，斜切成片，再横切成细丝；红辣椒洗净，切成细丝。

2. 四季豆、辣椒丝分别放入沸水锅中烫一下，迅速捞出，沥干水分，放入盘中，加入姜丝、盐、白糖，淋香油，拌匀即可。

冰醋四季豆 _{蔬菜}

(原料) 四季豆300克

(调料) 白醋、盐各适量

(做法)

1. 四季豆择洗干净，切段，放入沸水中焯水，捞出冲凉，沥干水分。

2. 四季豆段放入碗中，加入白醋、盐拌匀，放冰箱冷藏片刻，取出装盘即可。

(提示) 烹煮时要保证四季豆熟透，否则会引起中毒。

椒油芸豆肉渣 〔蔬菜〕

原料 净芸豆300克，胡萝卜、猪肉油渣各50克

调料 姜丝、花椒油、盐各适量

做法

1. 芸豆洗净，斜切成丝；胡萝卜洗净，切细丝；油渣剁成粗粒。

2. 锅入清水烧热，放入芸豆丝、胡萝卜丝、姜丝，烫至断生，捞出投凉。

3. 将芸豆丝、胡萝卜丝、姜丝放入盘中，加入盐、花椒油调匀，撒上肉渣即可。

椒条荷兰豆 〔蔬菜〕

酸辣鲜蚕豆 〔蔬菜〕

原料 荷兰豆250克，红尖椒、水发木耳各50克

调料 植物油、香油、盐各适量

做法

1. 荷兰豆洗净，切成条；红尖椒洗净，切丁；水发木耳洗净，切段。

2. 锅入水烧热，放入荷兰豆焯至断生，捞出放入冷水中漂凉，沥干。

3. 锅入油烧至四成热，放入红椒丁炒至香味溢出，起锅。将荷兰豆放入盆中，加入盐、红椒丁、木耳段拌匀，淋香油，装盘即可。

原料 鲜蚕豆300克

调料 蒜末、剁椒酱、辣椒油、醋、生抽、白糖、盐各适量

做法

1. 鲜蚕豆洗净，放入沸水锅中，加盐煮熟，捞出凉凉。

2. 鲜蚕豆、蒜末放入盛器中，加入剁椒酱、生抽、醋、白糖调味，淋辣椒油拌匀，装盘即可。

提示 蚕豆外壳较硬，所以要加入水焖至开口，盐也要早放，否则很难入味。

盐水蚕豆 蔬菜

原料 蚕豆300克

调料 花生油、红糖、盐各适量

做法

1. 蚕豆洗净，下入热油锅中，加适量清水，旺火煮沸。

2. 再拌入红糖、盐，继续加盖旺火煮至蚕豆熟烂，装盘即可。

特点 色泽油黄，甜咸软爽。

糟卤蚕豆 蔬菜

原料 鲜蚕豆200克

调料 糟卤汁、八角、白糖、盐各适量

做法

1. 鲜蚕豆洗净，放入沸水中煮熟，去皮放凉。

2. 锅中加水，放入八角、盐、糟卤汁、白糖烧开，制成卤汁。

3. 将蚕豆放入卤汁中烧开，放凉浸泡，取出装盘即可。

姜汁扁豆 蔬菜

原料 鲜嫩扁豆500克

调料 姜末、香油、醋、酱油、盐各适量

做法

1. 扁豆择净筋皮，洗净，切成3厘米长丝，放入沸水中煮熟，捞出，控净水分，装盘凉凉。

2. 将姜末、醋、酱油、香油、盐放入碟中调匀，浇在扁豆上，拌匀即可。

蒸拌扁豆 蔬菜

原料 扁豆300克，干辣椒10克

调料 蒜末、香油、盐各适量

做法

1. 扁豆洗净去筋，放入蒸锅中开锅蒸4分钟，捞出，放入盘中，凉凉备用；干辣椒洗净，切末。

2. 将干辣椒末、蒜末、盐放入盛扁豆的盘中，淋香油，拌匀即可。

糟香毛豆

原料 毛豆300克

调料 糟卤汁、八角、白糖、盐各适量

做法

1. 毛豆洗净，放入沸水锅中煮熟，凉凉。

2. 锅中加水，放入八角、盐、糟卤汁、白糖烧开，制成卤汁。

3. 将毛豆放入卤汁中烧开，放凉浸泡片刻，装盘即可。

萝卜干拌毛豆

原料 毛豆、萝卜干各200克，熟白芝麻10克

调料 蒜泥、剁椒、辣椒油、醋、白糖、盐各适量

做法

1. 毛豆去壳洗净，放入沸水锅中煮熟，去薄衣，凉凉。

2. 萝卜干洗净，放入冷水中浸泡片刻，捞出切碎，放入沸水锅焯烫片刻，捞出。

3. 萝卜干、毛豆放入容器中，加入剁椒、蒜泥、盐、白糖、醋调味，淋辣椒油，拌匀即可。

凉拌腊八豆

原料 腊八豆、鲜红泡椒各150克，鲜红尖椒50克

调料 葱花、姜片、蒜末、香油、料酒、陈醋、盐各适量

做法

1. 鲜红泡椒、鲜红尖椒洗净剁碎，放入姜片、蒜末、盐、料酒、陈醋、香油拌匀，腌渍成剁辣椒。

2. 将制好的剁辣椒浇在腊八豆上，淋上香油，撒上葱花即可。

凉拌黄豆

原料 黄豆500克，鲜红辣椒30克

调料 姜末、白糖、盐各适量

做法

1. 鲜红辣椒洗净，去蒂，粉碎后加盐拌匀，调成辣椒酱。

2. 黄豆用水泡透后，放入锅中煮熟，然后加入盐、姜末，捞出凉凉，拌入辣椒酱、白糖，装盘即可。

野山椒拌藕片 〔藕菜〕

原料 莲藕300克，干红辣椒、泡山椒各30克

调料 花椒、植物油、盐各适量

做法

1. 莲藕去皮洗净，切成薄片，放入沸水锅中焯熟，捞出沥水，放入盘中；干辣椒洗净，切成小段。

2. 油锅烧热，下入花椒、干辣椒段炒香，倒在藕片上，放入泡山椒，加入盐调味，拌匀即可。

双椒拌嫩藕 〔藕菜〕

原料 莲藕200克，青辣椒、红辣椒各50克

调料 白糖适量

做法

1. 青辣椒、红辣椒分别洗净，切成细丝；莲藕洗净，削去皮，改斜刀切成片。

2. 莲藕片放入沸水锅中焯熟，捞出，放入冷水中泡凉，捞出装入盆中，撒上白糖、青辣椒丝、红辣椒丝拌匀，装盘即可。

辣油藕片 〔藕菜〕

原料 莲藕500克，干辣椒10克

调料 香菜段、辣椒油、香油、白糖、盐各适量

做法

1. 莲藕洗净，削皮，切成片；干辣椒洗净，切丝。

2. 将藕片放入沸水锅中稍焯一下，捞出，用冷水过凉，沥干水分，放入盘中，放入干辣椒丝，加入辣椒油、香油、盐、白糖拌匀，撒香菜段即可。

姜汁莲藕 〔藕菜〕

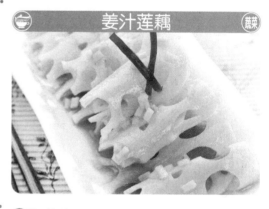

原料 莲藕400克，干辣椒50克

调料 葱末、姜末、花生油、香油、醋、料酒、白糖、盐、花椒各适量

做法

1. 莲藕洗净去皮，切成薄片，用热水略烫，捞出，用凉水冲净，洗净；干辣椒洗净，切丝。

2. 油锅烧热，下花椒、干辣椒丝炸香，倒入碗中，拣去花椒，加葱末、姜末、料酒、盐、白糖、醋、香油调成汁，倒在藕片上拌匀即可。

京糕莲藕

蔬菜

原料 莲藕350克，京糕（山楂糕）125克

调料 白醋、白糖、盐各适量

做法

1. 莲藕去皮洗净，切丁；京糕切丁。

2. 锅入适量清水，加盐烧开，下入莲藕丁，用旺火烧开，焯至熟透捞出，入冷水中浸泡凉透，捞出，沥干水分。

3. 将莲藕丁放入碗中，加入盐拌匀，腌渍入味，加入京糕，下入白醋、白糖，拌匀装盘即可。

咸甜酸藕片

蔬菜

原料 脆藕300克

调料 苹果醋、白糖、盐各适量

做法

1. 脆藕洗净，削皮，切成薄片，用清水浸泡。

2. 锅入水烧开，放入藕片焯一下，捞出冲凉，沥干水分。

3. 将藕片装入盘中，加入苹果醋、白糖、盐拌匀，放入冰箱冷藏片刻即可。

糖醋藕片

蔬菜

原料 莲藕400克，青豆20克

调料 姜末、香油、醋、白糖、盐各适量

做法

1. 莲藕去皮洗净，切薄片，放入沸水锅中焯水，捞出冲凉，沥干水分，备用；青豆入沸水中焯熟。

2. 藕片中加入白糖、醋、盐、姜末、青豆、香油拌匀，装盘即可。

特点 清香脆嫩，酸甜适口。

红油拌藕片

蔬菜

原料 莲藕500克，干辣椒20克

调料 辣椒油、香油、白糖、盐各适量

做法

1. 莲藕洗净，削皮，切成片；干辣椒洗净，切片。

2. 锅入清水烧沸，放入藕片焯一下，冷水过凉，沥干水分。

3. 藕片放入盘中，加入干辣椒片、辣椒油、香油、盐、白糖，拌匀即可。

蒜拌空心菜 蔬菜

原料 空心菜400克

调料 蒜末、香油、生抽、盐各适量

做法

1. 空心菜择洗干净，放入沸水锅中烫一下，捞出冲凉，沥干水分，切成长段。

2. 将蒜末、生抽、盐、香油调匀成味汁，浇在空心菜上拌匀，装盘即可。

龙须拌花生 蔬菜

原料 龙须菜200克，花生米100克

调料 香油、生抽、白糖、盐各适量

做法

1. 龙须菜洗净，放入沸水锅中焯水，捞出冲凉，沥干水分。

2. 锅入清水，放入花生米，加入生抽、盐煮熟，捞出凉凉。

3. 龙须菜、花生米放入盛器中，加入盐、生抽、白糖调味，淋香油，拌匀即可。

椒麻海龙须 蔬菜

原料 龙须菜300克，青杭椒、红杭椒各20克

调料 香菜末、麻椒油、辣椒油、生抽、白糖、盐各适量

做法

1. 龙须菜洗净，放入沸水锅中焯水，捞出冲凉，沥干水分。青杭椒、红杭椒分别洗净，顶刀切小圈。

2. 龙须菜加入碗中，加入青杭椒圈、红杭椒圈、香菜末、生抽、白糖、盐、麻椒油、辣椒油拌匀，装盘即可。

麻辣香菜 蔬菜

原料 香菜300克，辣椒碎20克，熟白芝麻10克

调料 麻椒油、盐各适量

做法

1. 香菜择洗干净，切成小段。

2. 香菜段放入盆中，加入盐、辣椒碎、熟白芝麻、麻椒油拌匀，装碗即可。

提示 香菜去除根部，择去黄叶，摊开晾晒一天，编成长辫子，挂在阴凉通风处晾干，可以长期保存。

凉拌香菜 蔬菜

原料 香菜200克，红椒30克

调料 蒜泥、辣椒油、香油、盐各适量

做法

1. 香菜择洗干净，切段；红椒洗净，切成细丝。

2. 香菜段、红椒丝放入碗中，加入蒜泥、盐、香油、辣椒油拌匀，装入盘中即可。

提示 香菜有黄叶、虫害的不宜选购。

蜇丝拌圆白菜 蔬菜

原料 圆白菜100克，海蜇丝200克

调料 辣椒油、白糖、盐各适量

做法

1. 圆白菜洗净，切细丝。海蜇丝洗净，放入沸水中焯水冲凉，沥干水分。

2. 海蜇丝、圆白菜丝放入碗中，加入盐、白糖调味，淋辣椒油，拌匀即可。

烧拌辣椒 蔬菜

原料 柿子椒250克

调料 香油、醋、盐各适量

做法

1. 柿子椒洗净，去籽，切块。

2. 炒锅烧热，放入柿子椒，小火炒匀，待变色关火，倒出凉凉。

3. 柿子椒中加入盐、香油、醋拌匀，装盘即可。

炝柿子椒 蔬菜

原料 柿子椒300克，干红辣椒100克

调料 花椒、香油、盐、油各适量

做法

1. 柿子椒洗净，从中间剖开，去籽，分切三瓣，放入碗中，用盐腌匀；干红辣椒洗净，切段。

2. 锅入油烧热，放入干红辣椒段、花椒，煸出香味，放入柿子椒稍炒，淋入香油，装盘即可。

擂辣椒

原料 青椒400克

调料 蒜粒、豆豉、陈醋、盐各适量

做法

1. 炒锅烧热，放入青椒烧至皮呈黑色，捞出，泡入冷水，剥去黑皮，去籽，放入擂钵。

2. 擂钵中调入豆豉、蒜粒、盐、陈醋，用擂棍将青椒捣碎，装盘即可。

生拌辣椒

原料 青尖椒300克

调料 香菜段、香油、生抽、白糖、盐各适量

做法

1. 青尖椒洗净，去籽，切丝。

2. 尖椒丝、香菜段放入容器中，加入生抽、盐、白糖拌匀，淋香油，装盘即可。

虾皮拌尖椒

原料 尖椒250克，虾皮75克

调料 香菜段、葱末、姜末、蒜末、香油、醋、盐各适量

做法

1. 尖椒去蒂、籽，洗净，切成小滚刀块，装盘。

2. 虾皮用温水泡开，洗净，放在尖椒上。

3. 将盐、醋、葱末、姜末、蒜末、香油调匀，放入盘中，撒上香菜段，拌匀即可。

凉拌海带卷

原料 海带300克，鸡蛋清、面粉各50克

调料 蒜泥、辣酱、香油、醋、酱油、白糖、盐各适量

做法

1. 海带洗净，去掉表面黏液层，用布擦干。

2. 蛋清加入面粉、盐调成糊状，抹在海带上，卷起用线捆紧，上笼蒸至熟烂，取出，待冷却后切片，装入盘中。

3. 将酱油、白糖、醋、辣酱、蒜泥、香油调匀，淋在海带上即可。

花生海带 蔬菜

原料 海带300克，花生米200克

调料 香油、盐各适量

做法

1. 海带洗净，切小方块，放入沸水锅中煮熟，冲凉沥干；花生米加盐煮熟，捞出放凉。

2. 海带块、熟花生米放入碗中，加入盐，淋香油，拌匀即可。

提示 烹调干海带时，隔水蒸半小时，然后用清水泡一夜，这样可使海带又脆又嫩。

麻香海带 蔬菜

原料 海带300克，红彩椒20克，熟白芝麻20克

调料 蒜泥、花椒油、盐各适量

做法

1. 海带、红彩椒分别洗净，切成细丝，放入沸水中焯水，冲凉，沥干水分。

2. 海带丝、红彩椒丝放入碗中，放入盐、蒜泥、熟白芝麻，淋花椒油，拌匀即可。

麻辣海带 蔬菜

原料 海带300克，辣椒碎10克

调料 红油、生抽、盐各适量

做法

1. 海带洗净，切成丝，放入沸水锅中煮熟，捞出，冲凉沥水。

2. 煮熟的海带丝放入盛器中，加入盐、生抽，淋红油，撒上辣椒碎，拌匀即可。

特点 麻辣味浓，增进食欲。

鲜卤海带 蔬菜

原料 海带400克

调料 八角、酱油、生抽、料酒、白糖、盐各适量

做法

1. 海带洗净，切粗条，放入沸水中焯熟，捞出，冲凉沥干。

2. 锅入适量清水，放入八角、酱油、生抽、盐、料酒、白糖煮开，制成卤汤。

3. 海带条放入卤汤中烧开，关火放凉，浸泡片刻，装碗即可。

椒盐拌花生米 `蔬菜`

原料 花生米300克,熟白芝麻20克

调料 花椒面、花生油、盐各适量

做法

1. 花生米拣净杂质,备用。

2. 锅入花生油烧热,倒入花生米,用温火边炸边搅拌,炸至呈金黄色捞出,盛盘。

3. 花生米撒上盐、花椒面、熟白芝麻,拌匀即可。

花仁拌芹菜 `蔬菜`

原料 花生仁300克,芹菜50克

调料 香油、辣椒油、酱油、白糖、盐各适量

做法

1. 花生仁用沸水烫焖,去掉"外衣"。

2. 芹菜择洗干净,焯水,改刀切成细丁。

3. 碗中加入酱油、盐、白糖、辣椒油、香油,拌匀成辣椒油味汁,与花生仁、芹菜丁一起拌匀,装盘即可。

薯条花生 `蔬菜`

原料 花生米500克,蒜薹50克

调料 精炼油、白糖、盐各适量

做法

1. 蒜薹洗净,切长段。

2. 锅入油烧热,放入花生米炸酥,捞起凉凉,然后去皮。

3. 锅留余油烧热,然后放入蒜薹段炸酥,捞出,备用。

4. 花生米、蒜薹条放入碗中,加入盐、白糖,拌匀即可。

农家花生 `蔬菜`

原料 去皮花生米400克,蒜薹50克,小辣椒20克

调料 酱油、白糖、盐各适量

做法

1. 锅入清水,放入去皮花生米煮熟,捞出凉凉;蒜薹洗净,切丁;小辣椒洗净,切丁。

2. 花生米放入碗中,调入酱油、白糖、盐,放入蒜薹丁、小辣椒丁,拌匀即可。

贡菜花生

 蔬菜

原料 贡菜300克，花生米100克，熟白芝麻20克

调料 辣椒油、盐各适量

做法

1. 锅入适量清水，下入花生米，加入少许盐煮熟，捞出凉凉。

2. 贡菜洗净，切长段。

3. 花生米、贡菜放入碗中，淋辣椒油，撒上熟芝麻，拌匀即可。

花生米拌黄瓜

蔬菜

原料 黄瓜300克，花生米、油条各100克

调料 八角、花椒油、香油、盐各适量

做法

1. 花生米洗净，放入清水中，加入八角、盐煮熟，捞出凉凉，沥干水分；油条切成细丁。

2. 黄瓜洗净，去蒂，切成小方丁，放入碗中，加入油条丁、花生米，加入盐、花椒油，淋香油，拌匀即可。

怪味腰果

蔬菜

原料 腰果200克，熟白芝麻20克

调料 辣椒末、花椒末、白糖、盐各适量

做法

1. 将腰果洗净，放入沸水锅中焯水，捞出，放入盘中。

2. 锅入适量清水，加入白糖熬化，待水分收干，加入腰果、盐、辣椒末、花椒末，不断翻动，使腰果粘裹上调料，撒上熟白芝麻，凉凉装盘即可。

凉拌核桃

蔬菜

原料 核桃仁200克，黄瓜、胡萝卜各100克

调料 上汤、花椒油、酱油、料酒、盐各适量

做法

1. 核桃仁去皮、洗净，沥干水分，摆在盘中。

2. 将黄瓜、胡萝卜分别洗净，切丝，放在核桃仁上。

3. 将上汤、花椒油、酱油、盐、料酒调匀，浇在核桃仁上即可。

咸西瓜皮 蔬菜

原料 西瓜皮400克

调料 白糖、香油、盐各适量

做法

1. 西瓜皮去皮、红瓤，洗净，改刀切条。

2. 西瓜条放入盛器中，加入盐、白糖腌浸5分钟，淋上香油，拌匀即可。

特点 清脆爽口，色泽光亮。

西瓜冻 蔬菜

原料 西瓜1000克，冻粉100克

调料 白糖适量

做法

1. 西瓜切开，挖出瓤，去籽，将瓜汁倒在碗内。

2. 将冻粉放入铝锅中，加入适量清水，旺火煮至冻粉溶化，加入白糖、西瓜汁。另起锅入水烧沸，下入西瓜瓤烫一下，随即捞出。

3. 将西瓜瓤控水，放入盘中，冻粉混合液浇在上面，用筷子将西瓜瓤拨匀，凉凉，放入冰箱凝固成冻，取出切成方块，装盘即可。

雪梨鸡丝 蔬菜

原料 雪梨200克，彩椒20克，鸡丝150克

调料 葱末、姜末、花生油、蛋清、团粉、料酒、白糖、盐各适量

做法

1. 将鸡丝加蛋清、水、盐、团粉拌匀浆好；雪梨洗净，削皮，切丝；彩椒洗净，切细丝。

2. 锅入油烧热，下入葱、姜末爆香，放入鸡丝滑熟，捞出控油。

3. 将鸡丝、雪梨丝、彩椒丝放入盘中，加入料酒、盐、白糖，拌匀即可。

雪花梨片 蔬菜

原料 鸭梨400克

调料 白糖适量

做法

1. 鸭梨洗净削皮，去核，切成片。

2. 锅置旺火上，放入白糖炒化，起锅稍凉，浇在梨片上，撒上白糖，拌匀即可。

冰糖什锦

原料 莲子、菠萝、桃子、百合、山药、西米、樱桃、银耳各20克

调料 冰糖适量

做法

1. 菠萝去皮洗净，切成丁，用盐水浸泡，捞出沥水；桃子洗净，切丁；银耳、莲子分别用水浸泡，上蒸锅蒸熟；西米、百合、樱桃分别洗净；山药去皮洗净，切丁。

2. 锅入清水烧开，放入冰糖、莲子、西米、山药丁、百合煮熟，再放入银耳、菠萝丁、桃丁，开锅盛入汤碗中，放入樱桃即可。

活力四射

原料 大米50克，紫甘蓝菜100克，番茄、黄甜椒、黑橄榄各30克，葡萄干10克

调料 沙拉酱、蓝莓酸奶各适量

做法

1. 所有原料洗净，紫甘蓝菜切丝；黄甜椒去籽，切片；番茄去蒂，切片；黑橄榄切片。

2. 锅入油烧热，倒入米粒，炸至呈金黄色，捞出，沥干。原料放盘中淋沙拉酱、蓝莓酸奶，撒葡萄干、炸好的香米即可。

什锦肉丝拉皮

原料 猪里脊肉丝10克，绿豆拉皮3张，蛋饼丝、冬笋丝、黄瓜丝、香菜段、香椿段、水发木耳丝、胡萝卜丝各50克

调料 芥末汁、植物油、蚝油、香油、醋、酱油、料酒各适量

做法

1. 胡萝卜丝、香菜段、笋丝、香椿段分别洗净，焯水，拉皮切条。将芥末汁、蚝油、香油、醋调成汁。

2. 锅入油烧热，放肉丝炒熟，烹入料酒、酱油调味，盛出。所有原料围在盘边，拉皮码中间，放入肉丝，淋上味汁即可。

紫甘蓝拌沙拉

原料 紫甘蓝300克

调料 沙拉酱适量

做法

1. 紫甘蓝洗净，切段，装入盘中。

2. 沙拉酱均匀地浇在紫甘蓝上，拌匀即可。

特点 酸甜适口，色香味美。

拌马蹄

原料 马蹄500克，水发木耳200克

调料 香油、白糖、盐各适量

做法

1. 马蹄洗净，去皮，切成薄片，加入盐腌渍片刻，沥干水分。

2. 水发木耳择成小朵，洗净。

3. 腌好的马蹄放入碗中，加入木耳、白糖，淋香油，拌匀即可。

橙汁马蹄

原料 马蹄400克

调料 橙汁、白醋、白糖各适量

做法

1. 马蹄去皮，洗净，放入沸水锅中煮熟，捞出，冲凉。

2. 马蹄放入碗中，加入橙汁、白糖、白醋拌匀，腌渍10分钟即可。

功效 消热解毒，降压通便。

桂花蜜汁马蹄

原料 马蹄罐头500克

调料 桂花酱、白糖各适量

做法

1. 锅入清水，加入白糖化开，将糖水熬至起泡，由大翻花变小花时，下入马蹄，再煮2分钟，装入盘中。

2. 桂花酱放入盘中，糖汁收浓淋在马蹄上即可。

茴香皮蛋

原料 鲜茴香300克，松花蛋100克，枸杞10克

调料 香油、盐各适量

做法

1. 茴香洗净，焯水冲凉，沥干水分，切小段；松花蛋去皮洗净，切丁备用。

2. 茴香段、松花蛋丁放入盘中，加入盐、枸杞，淋上香油，搅拌均匀即可。

凉拌芝麻牛蒡 蔬菜

原料 牛蒡300克，黑芝麻、白芝麻各10克

调料 香菜段、香油、白醋、白糖各适量

做法

1. 牛蒡去皮洗净，切条，放入沸水中烫熟，捞出，沥干水分，装入碗中。

2. 加入白糖、白醋搅拌均匀，再放入黑芝麻、白芝麻拌匀，淋香油，撒香菜段，装盘即可。

凉拌苦菊 蔬菜

原料 苦菊300克，樱桃萝卜100克

调料 蒜末、白胡椒、白芝麻、香油、料酒、盐各适量

做法

1. 将苦菊洗净，晾干，切小段；樱桃萝卜洗净，切片。

2. 将苦菊段、萝卜片放入容器中，加入蒜末、盐、料酒、白胡椒、白芝麻调匀，淋香油，拌匀即可。

老醋拌苦菊 蔬菜

原料 苦菊400克，炸花生仁50克

调料 老陈醋、白糖、蒜末、香油、生抽各适量

做法

1. 将苦菊择洗干净，撕散，放入盛器中；炸花生仁放砧板上，用刀压成花生仁碎。

2. 取一小碗，放入蒜末、老陈醋、白糖、生抽、香油调成味汁。

3. 将调好的味汁，浇在苦菊上，撒上花生仁碎，拌匀即可。

蜜汁三泥 蔬菜

原料 山药300克，红豆、蜜枣各150克

调料 桂花酱、白糖各适量

做法

1. 山药去皮洗净，放入蒸锅蒸熟，捣成泥，加入白糖，拌匀放凉。

2. 红豆洗净，放入蒸锅蒸熟，捣成泥，加入白糖拌匀，放凉；蜜枣剁粗泥，加入白糖拌匀。

3. 桂花酱加入白糖，熬煮至浓稠，放凉，分别浇到山药泥、红豆泥、蜜枣泥中，拌匀即可。

凉拌菜根 蔬菜

原料 芹菜根300克

调料 豆豉辣椒酱、辣椒油、白糖、盐各适量

做法

1. 芹菜根洗净,切段,焯水冲凉,沥干水分。

2. 芹菜根放入盛器中,加入盐、豆豉辣椒酱、白糖调味,淋辣椒油,拌匀即可。

咸香青菜 蔬菜

原料 白菜帮300克,辣椒碎20克

调料 姜末、花生油、盐各适量

做法

1. 白菜帮洗净,切成小丁,加入盐腌渍片刻,待出水后捞出,沥干水分。

2. 锅入油烧热,放入辣椒碎、姜末,炸出香味,捞出备用。

3. 白菜丁放入碗中,加入盐,倒入炸好的辣椒碎、姜末,淋辣椒油,拌匀即可。

卤酸菜 蔬菜

原料 酸菜300克,干辣椒20克

调料 姜丝、蒜香卤肉汁适量

做法

1. 酸菜洗净,切丝,放入冷水中浸泡,去咸味,捞出沥干;干辣椒洗净,切丝。

2. 锅中放入酸菜丝、干辣椒丝、姜丝、卤汁,加适量清水,以旺火烧沸转小火焖煮片刻,凉凉,装盘即可。

家乡拌老虎菜 蔬菜

原料 洋葱150克,黄瓜50克,干辣椒、朝天椒各10克

调料 香菜段、葱花、蒜末、香油、红油、醋、酱油、白糖各适量

做法

1. 黄瓜、洋葱、朝天椒分别洗净,切成丁;干辣椒洗净,切细末。

2. 黄瓜丁、洋葱丁、朝天椒丁、香菜段装入碗中,加入干辣椒末、葱花、蒜末、香油、红油、醋、酱油、白糖,拌匀即可。

小米辣拌鹿角菜

原料 鹿角菜200克，小米辣粒、青杭椒粒各10克

调料 香菜末、醋、生抽、白糖、盐各适量

做法

1. 鹿角菜洗净，焯水，冲凉沥干。

2. 鹿角菜放入盛器中，加入小米辣粒、青杭椒粒、香菜末，调入醋、盐、白糖、生抽拌匀，装盘即可。

巧拌三样

原料 红尖椒200克，洋葱100克，香菜50克

调料 香油、醋、生抽、盐各适量

做法

1. 洋葱洗净，切成方丁；尖椒洗净，切成圈；香菜带叶洗净，切成段。

2. 洋葱丁、尖椒圈、香菜段放入容器中，加入生抽、盐、醋拌匀，淋香油，装盘即可。

梅子酱淋萝叶

原料 萝卜叶300克，豆皮100克，梅干50克

调料 橄榄油、梅子酱、白醋各适量

做法

1. 将萝卜叶洗净，切成段；豆皮洗净，切成长条。

2. 梅干洗净去籽，切碎，与橄榄油、白醋一起调匀，成味汁。

3. 豆皮条放入烤箱烤约3分钟至酥脆，放入盘中，放上萝卜叶，淋上味汁、梅子酱即可。

泡椒雪豆

原料 雪豆300克，红泡椒100克

调料 豆瓣酱、生粉、油、辣椒油、白糖各适量

做法

1. 雪豆洗净，放入沸水中焯水，沥干水分，粘薄生粉，放入油锅炸至呈金黄色，捞出凉凉。

2. 锅入油烧热，放入红泡椒、豆瓣酱、白糖，炒出香味，装盘。

3. 将炒好的泡椒酱中淋入辣椒油，浇在雪豆上即可。

椒芽木耳菜 蔬菜

原料 木耳菜300克，青椒粒、红椒粒各20克

调料 葱末、蒜末、花生油、花椒油、盐各适量

做法

1. 木耳菜洗净，放入沸水中焯水，冲凉沥干，放入盘中。

2. 取一小碟，放入花椒油、盐、青椒粒、红椒粒、葱末、蒜末调匀成味汁。

3. 锅入油烧热，淋入味汁碗中，将味汁浇入木耳菜上，拌匀即可。

蒸拌面条菜 蔬菜

原料 面条菜300克，花生碎50克，面粉60克，鸡蛋1个

调料 醋、酱油、盐各适量

做法

1. 面条菜洗净，切小段，放入盛器中，加入面粉、鸡蛋、盐、清水拌匀。

2. 面条菜放入蒸锅，隔水蒸熟，装入盘中。

3. 将酱油、醋、花生碎拌匀，然后浇在面条菜上即可。

黄豆拌雪菜 蔬菜

原料 雪菜200克，黄豆150克，干辣椒20克

调料 蒜末、辣椒油、香油、盐各适量

做法

1. 雪菜去除老叶、老根，切成丁，放入开水中烫片刻，捞出投凉；干辣椒洗净，切段。

2. 黄豆放入开水锅中煮熟，捞出投凉。

3. 将黄豆、雪菜丁、干辣椒段装入碗中，加入盐、蒜末，淋香油、辣椒油，拌匀即可。

红油芦荟 蔬菜

原料 芦荟150克

调料 辣椒油、香油、酱油、白糖、盐各适量

做法

1. 芦荟洗净，放入沸水锅中焯至断生，捞出，切成长片，装入盛器中，备用。

2. 取一小碟，放入酱油、盐、白糖、辣椒油、香油，调匀成红油味汁，浇在芦荟片上拌匀，装盘即可。

韭花酱

原料 韭菜花苞500克，苹果50克

调料 姜末、蒜末、熟菜籽油、盐各适量

做法

1. 韭菜花洗净；苹果洗净去皮，切块。

2. 韭菜花、姜末、苹果块、蒜末放入小石臼中，捣烂成酱泥。

3. 放入适量盐、熟菜籽油拌匀，成韭菜花酱，装入瓶中，腌渍入味即可。

炝豆芽菜

原料 绿豆芽菜250克，干辣椒20克

调料 花生油、花椒、盐各适量

做法

1. 将绿豆芽菜掐去尾梢，洗净；干辣椒洗净，切段。

2. 锅入油烧热，下入干辣椒段、花椒炒香，放入绿豆芽，加入盐调味，出锅凉凉即可。

提示 绿豆芽不要隔夜，最好当日食用。

怪味银芽

原料 绿豆芽200克

调料 香菜段、蒜泥、花椒面、辣椒油、香油、醋、酱油、白糖、盐各适量

做法

1. 绿豆芽洗净，掐去尾梢，加入盐腌片刻，挤去水分，同香菜段放入沸水锅中焯水，捞出沥干，装入碗中。

2. 将酱油、醋、香油、辣椒油、花椒面、白糖、蒜泥调成味汁，倒在绿豆芽上，拌匀即可。

多味绿豆芽

原料 绿豆芽200克

调料 香菜末、蒜泥、芝麻酱、花椒面、辣椒油、香油、醋、酱油、白糖、盐各适量

做法

1. 绿豆芽洗净，去梢，加入盐腌片刻，挤去水分，放入沸水锅中焯水，捞出沥干，装入盘中。

2. 将芝麻酱、酱油、醋、香油、辣椒油、花椒面、白糖、蒜泥调成味汁，倒入绿豆芽上，撒香菜末，拌匀即可。

芝麻拌凉粉 （粉类）

原料 绿豆凉粉400克，熟白芝麻50克

调料 姜汁、蒜泥、花椒、花生油、辣椒油、香油、酱油、盐各适量

做法

1. 绿豆凉粉洗净，切成条状，装入碗中。
2. 锅入油烧热，放入花椒炸香，倒入碗中。
3. 将凉粉淋入酱油、辣椒油、盐、花生油、香油、姜汁、蒜泥，再撒上熟芝麻，拌匀即可。

芥末拌粉皮 （粉类）

原料 粉皮300克

调料 芥末粉、香油、醋、盐、葱花各适量

做法

1. 将粉皮切成细丝，盛入盛器中；芥末粉放入碗中，加入沸水，用纸封住碗口，凉凉，成芥末汁。
2. 将芥末汁、醋、盐、香油放入碗中调匀，淋在粉皮上，撒葱花拌匀，装盘即可。

荷兰粉 （粉类）

原料 荷兰粉500克，花生米30克

调料 芝麻酱、干椒粉、腐乳、香油、醋、酱油、盐各适量

做法

1. 荷兰粉用水洗净，装入碗中。
2. 将香油、盐、酱油、醋、腐乳、花生米、干椒粉、芝麻酱调匀，浇在凉粉上，拌匀即可。

麻辣粉皮 （粉类）

原料 粉皮500克

调料 辣椒油、花椒面、香油、酱油、盐、白糖各适量

做法

1. 粉皮洗净，切细丝，装入盘中。
2. 取一小碟，加入辣椒油、香油、酱油、花椒面、白糖、盐调匀，浇在粉皮上，拌匀即可。

川北凉粉 （粉类）

原料 豌豆凉粉500克

调料 蒜泥、花椒面、辣椒油、菜油、香油、酱油、冰糖、盐各适量

做法

1. 豌豆凉粉洗净，切成方块，装入盘中。

2. 蒜泥加入适量熟菜油、水、盐调成蒜泥水；冰糖加入酱油，加热溶化，使其色亮味佳。

3. 凉粉中加入盐、酱油、蒜泥水、花椒面、香油、辣椒油，搅拌均匀即可。

拌凉粉 （粉类）

原料 绿豆凉粉400克

调料 香菜末、蒜泥、葱花、姜汁、花椒、花生油、辣椒油、香油、酱油、盐各适量

做法

1. 绿豆凉粉洗净，切成条状，装入碗中。

2. 锅入油烧热，放入花椒炸香，倒入碗中。

3. 凉粉中加入酱油、辣椒油、盐、花生油、香油、姜汁、蒜泥、香菜末，再撒上葱段，装盘即可。

泡椒鲜香菇 （菌类）

原料 鲜香菇400克，泡野山椒、七星椒各20克

调料 泡椒汁、冰糖各适量

做法

1. 鲜香菇洗净，放入沸水中焯水，捞出冲凉，装入碗中。

2. 将泡野山椒、泡椒汁、七星椒、冰糖放入容器中，搅拌至冰糖化开。

3. 将调好的泡椒汁浇在香菇上，浸泡入味即可。

泡椒杏鲍菇 （菌类）

原料 杏鲍菇400克，泡野山椒、青杭椒、红杭椒各20克，鲜柠檬片2片

调料 泡椒汁、蒜片各适量

做法

1. 杏鲍菇洗净，放入沸水中焯水，捞出冲凉，切成片；青杭椒、红杭椒洗净，切条，焯水冲凉，沥干水分。

2. 杏鲍菇片、泡野山椒、柠檬片、蒜片、青杭椒条、红杭椒条装入碗中，浇上泡椒汁，腌渍入味即可。

凉拌金针菇 菌类

原料 金针菇300克，胡萝卜、芹菜、水发木耳各50克

调料 香油、生抽、白糖、盐各适量

做法

1. 金针菇切去根部，洗净撕散；胡萝卜洗净，去皮切丝；芹菜洗净，切段；水发木耳洗净，切丝。

2. 金针菇、胡萝卜丝、芹菜段、木耳丝分别放入沸水中焯水，捞出冲凉，沥干水分，装入盘中。

3. 加入盐、生抽、白糖、香油调味，拌匀即可。

香辣金针菇 菌类

原料 金针菇400克，辣椒碎20克

调料 香油、花椒、盐各适量

做法

1. 金针菇切去根部，洗净撕散，焯水冲凉，沥干水分。

2. 金针菇放入盛器中，加入盐调味。

3. 锅入香油烧热，放入辣椒碎、花椒炸出香味，淋入金针菇上，拌匀即可。

金针菇拌黄瓜 菌类

原料 金针菇150克，黄瓜150克，红柿子椒50克

调料 蒜末、香油、盐各适量

做法

1. 金针菇切去根部，洗净撕散；红柿子椒洗净，切细丝；黄瓜洗净，切丝。

2. 分别将金针菇、柿椒丝放入沸水中焯烫片刻，捞起冲凉，沥干水分，装入容器中，加入黄瓜丝、盐、蒜末、香油拌匀，装盘即可。

凉拌鲜菇 菌类

原料 鲜平菇400克

调料 香菜段、姜汁、素汤、香油、酱油、盐各适量

做法

1. 鲜平菇洗净，撕成片，放入沸水锅中焯熟，捞起沥水。

2. 将酱油、姜汁、素汤、香油、盐放入碗中，搅匀成调味汁。

3. 将平菇片装入盘中，浇上调味汁，撒上香菜段，拌匀即可。

蒜拌山芹茶菇 菌类

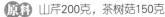

原料 山芹200克，茶树菇150克

调料 蒜泥、香油、生抽各适量

做法

1. 茶树菇洗净，切段，放入沸水中焯水；山芹洗净，切段。

2. 将山芹段、茶树菇装入盘中，加入蒜泥、生抽，淋上香油，拌匀即可。

香醋木耳 菌类

原料 木耳100克，青尖椒、红尖椒各150克

调料 香油、醋、白糖、盐各适量

做法

1. 木耳洗净，放入温水中泡发；青尖椒、红尖椒洗净，切成段。

2. 将木耳、青尖椒段、红尖椒段放入盘中，加入醋、盐、白糖，淋香油，拌匀即可。

提示 木耳要提前泡发，而且要搓洗一下表面的污垢。

甜辣木耳 菌类

原料 水发木耳300克

调料 葱段、姜末、辣椒油、白糖、盐各适量

做法

1. 木耳去根洗净，沥干水分，装入盘中。

2. 将盐、白糖、辣椒油调匀，浇在木耳上，撒上姜末、葱段，拌匀即可。

提示 干木耳烹调前宜用凉水泡发，泡发后仍然紧缩在一起的部分不宜吃。

雪耳拌芽菜 菌类

原料 绿豆芽100克，水发银耳150克，青椒10克

调料 香油、盐各适量

做法

1. 绿豆芽去根洗净；水发银耳洗净，撕成小朵；青椒洗净，切丝。

2. 锅入适量清水烧开，分别下入绿豆芽、银耳、青椒丝烫熟，捞出凉凉，沥干水分。

3. 将银耳、豆芽、青椒丝放入盘中，加入盐调味，淋上香油，拌匀即可。

榨菜拌腐皮

原料 豆腐皮300克，榨菜、毛豆粒各50克

调料 姜末、香油、酱油、盐各适量

做法

1. 豆腐皮洗净，切成长丝，放入沸水中烫过，捞出冲凉，沥干。

2. 毛豆粒洗净，放入锅中煮至刚熟，捞出；榨菜洗净，切成末。

3. 将豆腐皮丝、毛豆粒、榨菜末装入盘中，加入姜末、酱油、盐调味，淋上香油，拌匀即可。

十香拌菜

原料 干豆腐丝、莴笋各100克，青椒、红椒、胡萝卜、白萝卜、粉丝、苦菊各50克，油炸花生米适量

调料 香菜段、蒜泥、辣油、葱油、醋、酱油、盐各适量

做法

1. 豆腐丝入沸水烫透，捞出冲凉；青红椒去籽、蒂，切成细丝；莴笋去皮洗净，切成丝；胡萝卜、白萝卜去皮洗净，切成细丝。

2. 将所有原料装入盘中，加入香菜段、蒜泥、辣油、葱油、醋、酱油、盐，拌匀即可。

香薰豆腐干

原料 五香豆腐干300克

调料 茶叶、黄米、白糖各适量

做法

1. 五香豆腐干洗净，切成三角形状。

2. 锅入白糖、茶叶、黄米，放上箅子，摆上豆腐干，盖上盖子，点火，等锅盖缝隙冒出烟雾，改小火烧2分钟，取出豆腐干即可。

老汤豆腐干

原料 豆腐干200克，干辣椒20克

调料 葱段、姜片、八角、桂皮、香叶、草果、花椒、酱油、生抽、料酒、白糖各适量

做法

1. 将豆腐干洗净切块，焯水，冲凉，沥干；干辣椒洗净，切丝。

2. 锅入适量清水，下入葱段、姜片、八角、桂皮、香叶、草果、花椒、干辣椒丝、酱油、生抽、料酒、白糖，烧开制成汤卤。

3. 将豆腐干放入汤卤中烧开，放凉，浸泡片刻，装盘即可。

凉拌金橘豆腐

原料 盐卤豆腐2块，金橘50克

调料 酱油膏适量

做法

1. 金橘切成小薄片，泡在热水中，使其出味。

2. 豆腐放入蒸锅中蒸透，拿出凉凉，切成厚片，摆入盘中。

3. 将金橘水加入酱油膏，然后淋在豆腐上，拌匀即可。

花生米拌熏干

原料 炸花生米、豆腐干各200克，青椒丝10克

调料 葱丝、香油、生抽、白糖、盐各适量

做法

1. 豆腐干洗净，切小块。

2. 将生抽、盐、白糖、香油放入碗中调匀，成味汁，备用。

3. 将花生米、豆腐干块装入碗中，浇上味汁拌匀，撒上葱丝、青椒丝即可。

红油豆干雪菜

原料 腌雪菜300克，豆腐干、红椒各50克

调料 辣椒油、香油、醋、白糖、盐各适量

做法

1. 腌雪菜洗净，放入沸水中焯烫，捞出挤干水分，切成细末。

2. 豆腐干洗净，切丁；红辣椒洗净，去蒂切末。

3. 雪菜入盘中，加入豆腐干、辣椒末、盐、白糖、醋，淋上香油、辣椒油，拌匀即可。

青椒拌豆干

原料 豆腐干300克，青菜椒100克

调料 葱丝、香菜段、辣椒油、盐各适量

做法

1. 豆腐干洗净，切条；青菜椒洗净，切斜块，焯水沥干。

2. 将豆腐干条、青椒块装入盘中，加入盐、葱丝、香菜段，淋辣椒油，拌匀即可。

提示 根据个人口味可放入适量黑芝麻，可以使菜品味道更香。

香干拌核桃丁

原料 豆腐香干100克，核桃仁50克

调料 葱花、香油、酱油、盐各适量

做法

1. 豆腐香干放入沸水锅中烫一下，捞出沥水，切成丁。

2. 核桃仁放入热水中浸泡片刻，剥去核衣，放入炒锅中炒至香脆，盛出，凉凉，切成小丁。

3. 将豆腐干丁、核桃仁丁装入盘中，加入酱油、香油、盐，撒上葱花，拌匀即可。

特点 味道可口，增强食欲。

腊八豆红油豆腐丁

原料 水豆腐200克，腊八豆150克，鲜红椒10克

调料 葱花、植物油、香油、红油、酱油、盐各适量

做法

1. 将鲜红椒洗净，切成末；豆腐切成方的块。

2. 锅入清水烧沸，放入盐、酱油，放入豆腐丁焯水，捞出，沥干水分。

3. 锅入植物油、红油烧热，下入腊八豆炒香，放入红椒末、盐拌炒，撒上葱花，淋香油，凉凉后浇在豆腐丁上，拌匀即可。

香干芋头

原料 芋头250克，豆腐干50克

调料 葱末、芝麻油、盐各适量

做法

1. 芋头洗净，放入沸水锅中焯水至熟，捞出凉凉，切块；豆腐干放入沸水锅中焯水，捞出凉凉，切块。

2. 将芋头块、豆腐干块放入碗中，加入盐调味，淋芝麻油，撒上葱末，拌匀即可。

特点 咸香爽口，味道鲜美。

原料 干豆腐500克，红尖椒30克

调料 葱段、姜片、酱肉老汤、植物油、香油、盐各适量

做法

1. 干豆腐洗净，切成细丝；红尖椒洗净，切丝。

2. 锅入植物油烧至六成热，放入干豆腐丝，炸至呈浅黄色捞出，沥油。

3. 锅内放入酱肉老汤，加入葱段、姜片、盐调味，烧开后离火，放入干豆腐丝、红尖椒丝浸泡，淋上香油，出锅装盘即可。

老汤卤豆腐丝

卤虎皮豆腐

原料 豆腐500克

调料 葱段、姜片、花椒、八角、桂皮、甘草、鲜汤、植物油、酱油、白糖、盐各适量

做法

1. 豆腐洗净，切片；锅入植物油烧至六成热，放入豆腐片炸至呈金黄色，捞出沥油。

2. 另起锅放入鲜汤，加入葱段、姜片、花椒、八角、桂皮、甘草、酱油、白糖、盐，烧开后打净浮沫，离火，放入豆腐浸泡片刻，装盘即可。

功效 益气和中，生津润燥，清热解毒，止咳清痰。

辣冻豆腐

原料 冻豆腐500克，猪肥瘦肉20克，干红辣椒20克

调料 香葱末、豆瓣、豆豉、花椒粉、植物油、酱油、盐各适量

做法

1. 冻豆腐洗净，切块，放入沸水锅中煮片刻，捞起控水，凉凉，放入盘中。

2. 猪肉洗净，剁碎粒；豆豉剁细；干红辣椒洗净，切碎。

3. 锅入油烧热，下入猪肉粒翻炒，下入豆瓣、豆豉炒香，下入干红辣椒丝炒出红油，放入盐、酱油调味，撒上香葱末、花椒粉炒匀，盛出凉凉，浇在豆腐上即可。

香椿拌皮蛋豆腐

原料 嫩豆腐200克，皮蛋1个，香椿50克

调料 香油、盐各适量

做法

1. 豆腐洗净，切成小丁，放入沸水中焯水，捞出沥水，放入盘中。皮蛋去皮洗净，切小块。

2. 香椿放入碗中，加少许盐，倒入沸水盖好，泡约5分钟取出，去根切成末。将香椿末、盐、香油放入小碗中，加少量冷沸水搅匀，倒入豆腐上，放入皮蛋块，拌匀即可。

松花拌豆腐

原料 松花蛋3个，内酯豆腐300克，水发海米10克，干辣椒10克

调料 香菜末、香油、生抽、白糖各适量

做法

1. 松花蛋去皮洗净，切瓣，装入盘中；内酯豆腐切方块，放在松花蛋上；干辣椒洗净，切丝。

2. 将香菜末、海米、干辣椒丝装入小碗中，加入生抽、白糖，淋入香油拌匀，浇在松花蛋、内酯豆腐上即可。

凉拌素什锦

原料 泡发腐竹200克，胡萝卜、黄瓜、金针菇、水发木耳各50克

调料 辣椒油、花椒油、香油、醋、生抽、盐各适量

做法

1. 泡发腐竹、胡萝卜、黄瓜、水发木耳分别洗净，切丝；金针菇去根，洗净。

2. 锅入适量清水，加入少量盐，分别放入腐竹丝、胡萝卜丝、黄瓜丝、金针菇、木耳丝焯水，捞出过凉，装入盘中。

3. 将盐、辣椒油、生抽、醋、香油、花椒油浇入盘中拌匀即可。

芹菜拌腐竹

原料 芹菜300克，水发腐竹200克

调料 香油、酱油、盐各适量

做法

1. 芹菜择洗干净，放入沸水锅中焯一下，过凉水，捞出，沥干水分，装入盘中。

2. 腐竹切丝，码在芹菜上。

3. 将酱油、盐调匀，浇在腐竹上，淋香油，拌匀即可。

椒麻腐竹

原料 水发腐竹400克，柿子椒50克

调料 花椒、香油、酱油、白糖、盐各适量

做法

1. 水发腐竹洗净，斜切成2厘米厚的片；柿子椒洗净，切块。

2. 花椒去杂质洗净，用刀剁成细蓉，放入碗中，加入酱油、白糖、盐、香油调匀，即成椒麻汁。

3. 将腐竹片、柿子椒块装入盘中，浇上椒麻汁，拌匀即可。

金钩腐竹

原料 水发腐竹300克，海米20克

调料 姜丝、香油、盐各适量

做法

1. 水发腐竹洗净，切段改条；海米用热水浸泡回软，攥干水分。

2. 腐竹条装入盘中，加入海米、姜丝、盐、香油，拌匀即可。

提示 泡发腐竹时最好用凉水，这样可使腐竹保持整洁美观。若用热水泡则易破碎。

花样腐竹

原料 腐竹150克，西芹80克，红辣椒30克，海米10克

调料 鱼露、芝麻油、盐各适量

做法

1. 选择外形整齐的干海米浸泡后，蒸15分钟，备用。

2. 西芹洗净，改刀成菱形段；红辣椒洗净，切菱形片；腐竹浸泡回软后，改成滚刀段。将海米、西芹段、腐竹段分别入沸水锅中焯水断生，捞起凉凉，放入盆中。

3. 加入盐、鱼露、芝麻油、红辣椒拌匀，装盘即可。

鲜蘑炝腐竹

原料 腐竹200克，鲜菇150克，黄瓜100克

调料 香油、盐各适量

做法

1. 腐竹泡软，捞出，切成小段；鲜菇洗净，切片；黄瓜洗净，切成菱形片。

2. 将腐竹段、鲜菇片、黄瓜片分别下沸水锅焯透，捞出沥水，装入盘中，加入盐、香油，拌匀即可。

特点 清爽可口，咸鲜味美。

香卤烤麸

原料 烤麸400克，香菇200克，竹笋适量

调料 甘草、桂皮、草果、八角、蜂蜜、红糖、蚝油、酱油、料酒、盐各适量

做法

1. 将烤麸泡软，捞出备用；香菇洗净，放入温水浸泡；竹笋洗净，切片。

2. 锅入适量清水，放入甘草、桂皮、草果、八角、蜂蜜、红糖、蚝油、酱油、料酒、盐，放入烤麸、香菇、竹笋片，用中火煮沸，改小火煮熟至汤收干，捞出放凉，装盘即可。

特点 咸鲜味美，色香俱全。

斋猪肚

原料 油面筋300克

调料 葱段、姜片、八角、花生油、香油、酱油、白糖、盐各适量

做法

1. 油面筋洗净，切大块，焯水冲凉，挤干水分。

2. 锅入油烧热，放入葱段、姜片爆香，加入水、酱油、盐、白糖、八角烧开，加入油面筋，烧至汤汁浓稠，淋香油，出锅放凉，把面筋块挑出，摆盘即可。

卤素鸡

原料 素鸡400克

调料 八角、生抽、酱油、料酒、白糖各适量

做法

1. 素鸡洗净，顶刀切厚片。

2. 锅入适量清水，放入八角、生抽、酱油、料酒、白糖烧开，制成卤汤。

3. 将素鸡片放入卤汤中烧开，放凉，浸泡入味，装入盘中即可。

提示 卤煮一开始就要加足水量，让素鸡喝足调味料汁，最后收汁要浓，素鸡的味道也就浓。

Part 2

旺火爆炒的
肉菜也不慢

炒肉类菜肴，要炒得鲜嫩可口又快速省时，炒菜的火候，食材的处理，投料的顺序都有讲究。爆炒肉类食材，既省时，又可以使肉里的水分流失的少，使烹炒出来的肉更鲜嫩。在本章中，我们选取了家庭餐桌上最常食用的肉类菜肴，让您餐桌上的美食更丰盛。

腐竹炒肉 （猪肉）

原料 五花肉200克，干腐竹300克

调料 姜片、植物油、生抽、白糖、盐各适量

做法

1. 干腐竹用冷水泡软，捞出，切成段；五花肉洗净，放入沸水锅中煮1分钟，捞出，切成丁。

2. 锅入油烧热，下入白糖炒至融化，倒入肉丁、姜片翻炒，待肉块红亮时，盛盘。

3. 另起油锅，放入肉丁，待肉酥烂时，加入少许盐、生抽，放入腐竹炒至菜入味，翻炒收汁，装盘即可。

肉末鲜豌豆 （猪肉）

原料 五花肉300克，豌豆粒200克

调料 胡椒粉、淀粉、猪油、白糖、盐各适量

做法

1. 五花肉洗净，剁成细粒入沸水中余一下；豌豆粒洗净，入沸水中焯断生，捞出沥水。

2. 锅入猪油烧热，下入猪肉粒炒散至断生盛盘。另起油锅，放入豌豆煸炒1分钟，加入肉粒、胡椒粉、盐炒5分钟，再加入白糖，用淀粉勾成稀芡汁，起锅盛入碗中即可。

香葱煸白肉 （猪肉）

原料 五花肉500克，葱50克

调料 植物油、醋、酱油、白糖、盐各适量

做法

1. 五花肉洗净，放入沸水锅中煮至八成熟，捞出凉凉，切成薄片；葱洗净，切斜段。

2. 切好的肉片放入沸水中烫一下，捞出沥水。

3. 锅入油烧热，放入葱段炒出香味，放入五花肉片翻炒几下，加入酱油、醋、白糖、盐，翻炒均匀，待肉出油后略炒几下，装盘即可。

原料 嫩豆角100克，猪五花肉150克

调料 蒜末、水淀粉、干椒末、蒸鱼豉油、植物油、香油、酱油、料酒、盐各适量

做法

1. 嫩豆角洗净，切丁入沸水，焯掉断生；鲜猪肉洗净，切成小片，氽一下，放入盐、酱油、料酒、水淀粉上浆入味。

2. 锅入油烧热，下入干椒末、蒜末煸香，下入肉片炒散，倒入豆角丁，放入盐、蒸鱼豉油拌炒入味后，淋香油，炒匀即可。

特点 清香味美，肉质鲜嫩。

嫩豆角炒肉 | 猪肉

咸肉炒尖椒 | 猪肉

原料 五花肉300克，青椒、红椒各100克

调料 葱末、姜末、植物油、生抽、料酒、花椒、白糖、盐各适量

做法

1. 五花肉刮洗干净，放入盆中，加入盐、花椒腌入味，切成薄片；青椒洗净，去蒂，切滚刀块；红椒洗净，切菱形块。

2. 锅入油烧热，放入葱末、姜末爆香，放入肉片煸炒至卷起，放入青椒块、红椒块翻炒，放入料酒、盐、白糖、生抽，翻炒均匀，装入盘中即可。

口福回香肉 | 猪肉

原料 五花肉300克，葱段100克

调料 辣椒酱、辣椒油、植物油、白糖、盐各适量

做法

1. 五花肉洗净，切片，放入热油锅中炒至呈灯盏状，捞出沥油。

2. 锅入油烧热，放入辣椒酱、葱段爆香，放入炒好的五花肉片，加入盐、白糖，淋辣椒油，翻炒均匀，装盘即可。

提示 五花肉本身已经有足够的油脂，口感通常不会太干涩，炖煮时添加一两滴醋，可以让瘦肉部分肉质软嫩一点。

金玉红烧肉

原料 猪五花肉200克，小油菜100克

调料 葱段、姜片、蒜片、八角、植物油、酱油、白糖各适量

做法

1. 猪五花肉洗净，切大块。小油菜择洗干净。锅入清水烧沸，滴几滴植物油，放入小油菜焯至水开，捞出，沥干水分，码在盘边。

2. 另起锅入油烧热，放入白糖炒至糖化，放入蒜片炒香，下入肉块炒至变色，加入酱油，炒至肉块变色，倒入适量沸水烧沸，撇净浮沫，加入葱段、姜片、八角烧煮，倒入砂锅中，中火煮沸，改文火炖至猪肉熟烂，装入盛小油菜的盘中即可。

辣椒肉末烧粉条

原料 红薯粉条、五花肉末各150克，海带丝30克

调料 葱花、姜片、清汤、豆瓣酱、植物油、酱油、料酒各适量

做法

1. 粉条放入温水中泡软，捞出；海带丝洗净。

2. 锅入油烧热，加入豆瓣酱、葱花、姜片煸炒，待出香味，烹入料酒、酱油，加入清汤烧开，用小漏勺把豆瓣酱、葱花、姜片捞出，放入五花肉末、粉条、海带丝，待粉条烧透，装入盘中即可。

回锅肉

原料 五花肉300克，青蒜50克，红辣椒30克

调料 蒜末、姜末、辣豆瓣酱、甜面酱、植物油、料酒、盐各适量

做法

1. 青蒜洗净，切斜段；红辣椒洗净，切丝。

2. 五花肉洗净，放入沸水锅中煮熟，取出，凉凉，切成薄片。

3. 锅入油烧热，放入姜末、蒜末、红辣椒丝爆香，放入煮熟的五花肉片炒香，加入辣豆瓣酱、甜面酱、青蒜段、料酒、盐，炒至汤汁收干，装盘即可。

（原料）带皮五花肉500克

（调料）葱花、叉烧酱、海鲜酱、蚝油、香油各适量

（做法）

港式烧花肉

1. 五花肉洗净，放入沸水锅中焯烫片刻，捞出，切大片。

2. 五花肉片放入碗中，加入叉烧酱、海鲜酱、蚝油，腌至入味。

3. 锅入油烧热，放入腌好的五花肉片烧至呈金黄色，淋上香油，捞出装盘，撒葱花即可。

（提示）原料要选用纯五花肉部位，制作出来的成品才不腻，而且肉香纯正。

金蒜五花肉

（原料）五花肉300克

（调料）葱末、姜末、炸蒜末、淀粉、胡椒粉、植物油、盐各适量

（做法）

1. 五花肉洗净，加入盐制成咸肉，切成片，将肉片焯水后，拍淀粉。

2. 锅入油烧至七成热，放入肉片炸至呈金黄色，捞出。

3. 锅留余油烧热，放入葱末、姜末爆香，加入炸蒜末、胡椒粉、肉片炒匀，装盘即可。

（特点）鲜香脆爽，蒜香味足。

香辣猪油渣

（原料）猪五花肉300克，干辣椒碎10克

（调料）蒜粒、猪油、料酒、白糖、盐各适量

（做法）

1. 猪五花肉洗净，切片，加入盐、料酒、白糖腌渍，备用。

2. 锅入油烧热，放入五花肉片炸至呈金黄色，捞出沥油。

3. 锅留余油烧热，放入干辣椒碎、蒜粒爆香，放入炸干的五花肉片，炒匀即可。

（特点）色香俱全，脆爽可口。

一品脆香肉 猪肉

原料 带皮猪五花肉300克，芹菜20克，鸡蛋1个

调料 二锅头、腐乳汁、淀粉、植物油、白糖、椒盐各适量

做法

1. 带皮猪五花肉洗净，切成薄片；芹菜洗净，切成长段。

2. 五花肉片装入碗中，加入二锅头、腐乳汁、白糖拌匀，再加入鸡蛋、淀粉腌渍入味。

3. 锅入油烧热，下入腌好的五花肉片、芹菜段炸至酥脆，装入盘中，食用时蘸椒盐即可。

橄榄菜炒肉块 猪肉

原料 橄榄菜、猪里脊肉各150克，四季豆、花生、红椒块各50克

调料 盐适量

做法

1. 猪里脊肉洗净，切块；橄榄菜洗净，切段；四季豆洗净，切段；花生入油锅炸好，去皮。

2. 锅入油烧热，放入猪肉块，加入盐滑熟，捞出备用；四季豆段入沸水中焯断生。

3. 另起锅入油烧热，放入四季豆段，加入盐炒匀，炒至七成熟时，放入猪肉块、花生、红椒块、橄榄菜段炒熟，装盘即可。

响铃肉片 猪肉

原料 猪里脊肉100克，馄饨250克，黄瓜100克

调料 葱末、姜末、蒜片、水淀粉、酱油、醋、料酒、白糖、盐各适量

做法

1. 猪里脊肉洗净，切成薄片，加入盐、水淀粉浆好。黄瓜洗净，切片。

2. 锅入油烧至七成热，下入馄饨炸熟，至馄饨呈金黄色，捞出装入碟中。

3. 锅入油烧热，放入肉片炒散，再放入黄瓜片、葱末、姜末、蒜片稍炒，加入料酒、酱油、盐、白糖烧开，勾芡，淋入醋，装入馄饨碟中即可。

原料 猪里脊肉300克，青椒200克

调料 葱花、姜片、甜面酱、植物油、酱油、白糖各适量

做法

1. 青椒去蒂、籽，洗净，切丝；猪里脊肉洗净，放入清水锅中，加入葱花、姜片煮熟，捞出凉凉，切成方片。

2. 锅入油烧热，下入猪肉片爆炒，加入甜面酱炒出香味，再放入青椒丝翻炒至熟，最后加入酱油、白糖炒至入味，装盘即可。

椒丝酱炒肉 猪肉

木须肉 猪肉

原料 猪里脊肉200克，水发木耳50克，鸡蛋2个

调料 葱花、姜末、植物油、香油、酱油、料酒、盐各适量

做法

1. 猪里脊肉洗净，切丝；鸡蛋打入碗中，加入盐拌匀，木耳洗净。

2. 锅入油烧热，放入鸡蛋炒熟，盛入碗中。

3. 另起锅入油烧热，放入葱花、姜末煸香，再放入肉丝煸炒至七成熟，加入料酒、酱油、盐，放入鸡蛋、木耳翻炒，淋香油，装盘即可。

提示 炒鸡蛋时火不可太旺，否则容易炒老。

辣子肉丁 猪肉

原料 猪里脊肉200克，莴笋100克

调料 葱末、姜片、蒜片、鲜汤、泡辣椒末、植物油、醋、酱油、料酒、盐各适量

做法

1. 猪里脊肉洗净，切丁，加入料酒、盐拌匀。

2. 莴笋洗净，切成丁，加入少许盐拌匀。

3. 锅入油烧至六成热，下入猪肉丁翻炒散开，放入泡辣椒末，使肉丁炒香上色后，加入葱末、姜片、蒜片、莴笋丁、鲜汤、醋、酱油、料酒炒匀，装盘即可。

提示 火候一定要掌握好，要保持脆的口感。

青椒里脊片 （猪肉）

原料 猪里脊肉200克，青椒100克，鸡蛋清20克

调料 淀粉、花生油、香油、料酒、盐各适量

做法

1. 猪里脊肉洗净，切成薄片，加入盐、鸡蛋清、淀粉拌匀上浆，捞出；青椒洗净，切片。

2. 猪里脊片放入油锅滑熟，捞出沥油。

3. 锅留余油烧热，下入青椒片炒至变色，加入料酒、盐、清水，用水淀粉勾芡，倒入猪里脊片翻匀，淋香油，装盘即可。

特点 色泽清鲜，滑嫩不腻。

京酱肉丝 （猪肉）

原料 猪里脊肉300克

调料 葱丝、甜面酱、花生油、淀粉、酱油、料酒、白糖、盐各适量

做法

1. 猪里脊肉洗净，切丝，加入料酒、酱油、淀粉、盐腌10分钟。

2. 锅入油烧热，放入肉丝快速拌炒，捞出。

3. 锅留余油烧热，加入甜面酱、料酒、白糖、酱油、盐炒至黏稠状，再加入葱丝、肉丝炒匀，盛入盘中即可。

麻辣里脊片 （猪肉）

原料 猪里脊肉500克，油菜200克，鸡蛋液20克

调料 葱末、姜末、豆瓣辣酱、水淀粉、高汤、花椒、熟白芝麻、花生油、白糖、盐各适量

做法

1. 猪里脊肉洗净，切成长片；油菜洗净，取菜心焯水。

2. 锅入油烧至七成热，下入菜心，加入盐炒熟，摆入盘中。

3. 猪里脊片用鸡蛋液、水淀粉上浆，过油后捞出。锅留余油烧热，下入葱末、姜末爆香，加入高汤、里脊片、豆瓣辣酱、花椒、白糖、盐煸炒至熟，勾芡，撒上熟白芝麻，装盘即可。

原料 猪里脊肉200克，香菜50克，熟黑芝麻15克

调料 蒜末、嫩肉粉、辣酱、水淀粉、植物油、香油、红油、盐各适量

做法

1. 猪里脊肉洗净，切成薄片，用盐、嫩肉粉、水淀粉上浆，放入油锅滑熟，捞出沥油。

2. 香菜洗净，切成长段，放入盐、香油、蒜末拌匀，垫入盘底。

3. 锅留底油烧热，下入辣酱炒香，放入猪里脊肉片，加入盐、香油、红油翻炒入味，撒上熟黑芝麻，装盘即可。

辣酱麻茸里脊

酸辣里脊白菜

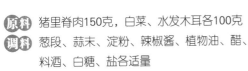

原料 猪里脊肉150克，白菜、水发木耳各100克

调料 葱段、蒜末、淀粉、辣椒酱、植物油、醋、料酒、白糖、盐各适量

做法

1. 白菜洗净，切长段；黑木耳洗净，切段；猪里脊肉洗净，切片，用盐、淀粉稍腌。

2. 锅入油烧热，下入猪里脊肉片炒至肉色变白，捞出沥油。

3. 原锅入油烧热，放入葱段、蒜末、木耳、白菜段炒软，再放入炒好的里脊肉片，加入辣椒酱、醋、料酒、白糖、盐，炒匀装盘即可。

蒜香盐煎肉

原料 猪里脊肉300克，彩椒、青蒜、洋葱各100克

调料 蒜片、淀粉、辣酱、腐乳汁、植物油、香油、酱油、白糖、盐各适量

做法

1. 猪里脊肉洗净，切片，加入酱油、盐、白糖、腐乳汁、淀粉、香油、植物油拌匀，腌渍片刻。

2. 洋葱、青蒜、彩椒分别洗净，切丝。

3. 锅入油烧热，放入蒜片炒香，下入腌渍好的肉片翻炒至变色，放入洋葱丝、青蒜丝、彩椒丝，加入辣酱炒匀，装盘即可。

笋干炒肉

原料 猪里脊肉200克，笋干100克

调料 葱段、水淀粉、植物油、香油、蚝油、老抽、料酒、盐各适量

做法

1. 猪里脊肉洗净，切片，加入盐、料酒、老抽、水淀粉腌渍片刻；笋干洗净，切小块。

2. 锅入油烧热，放入笋干翻炒，加入适量水焖煮，加入盐、老抽调味，盛出。

3. 另起锅入油烧热，放入肉片滑散，加入葱段、炒好的笋干炒匀，加入蚝油调味，淋香油，装盘即可。

胡萝卜烧里脊

原料 猪里脊肉400克，胡萝卜50克，鸡蛋1个

调料 葱花、姜末、蒜末、水淀粉、甜面酱、植物油、香油、酱油、盐各适量

做法

1. 猪里脊肉洗净，切条，加入盐、鸡蛋、水淀粉抓匀上浆；胡萝卜洗净，切条，焯水投凉。

2. 锅入油烧热，放入猪肉条滑散爆透，捞出。

3. 原锅留底油烧热，放入葱花、姜末、蒜末炝锅，放入胡萝卜条，加入甜面酱、猪肉条，烹入酱油、香油、盐，炒匀装盘即可。

糊辣银牙肉丝

原料 猪里脊肉200克，绿豆芽100克，干辣椒20克

调料 姜丝、花椒、淀粉、鸡粉、植物油、醋、酱油、绍酒、白糖、盐各适量

做法

1. 猪肉洗净，切丝，加入绍酒、盐、淀粉、鸡粉、植物油、姜丝拌匀上浆。绿豆芽择洗干净；干辣椒洗净，切丝。

2. 将酱油、白糖、醋、绍酒、淀粉、水放入碗中，调匀成咸鲜酸甜的调味汁。

3. 锅入油烧热，下干辣椒丝、花椒炸至棕红色，再放入肉丝煸散，放入绿豆芽炒熟，烹入调味汁炒匀，装盘即可。

肉丝炒苦瓜

（原料）苦瓜丝300克，猪里脊肉100克，红辣椒丝50克

（调料）姜丝、水淀粉、植物油、醋、绍酒、白糖、盐各适量

（做法）

1. 猪里脊肉洗净，切成丝，装入碗中，加入水淀粉、盐上浆，放入油锅中滑熟，捞出沥油。

2. 锅留底油烧热，下入红辣椒丝、苦瓜丝翻炒片刻，放入肉丝，翻炒数下，加入姜丝、盐、绍酒、白糖、醋，翻炒均匀，装盘即可。

（特点）脆嫩爽口，增进食欲。

肉末泡豆角

（原料）泡豆角150克，猪里脊肉100克，青椒50克

（调料）植物油、盐各适量

（做法）

1. 泡豆角洗净，切成细粒；猪肉洗净，剁成碎末；青椒洗净，切成细粒。

2. 锅入油烧热，放入肉末炒散，放少许盐、青椒粒炒熟，下入泡豆角粒稍炒，装盘即可。

（提示）根据个人口味，可以加入泡姜、泡辣椒，使该菜的泡菜味和辣味更加浓烈一些。也可以加入一些蒜苗使其色彩鲜亮。

肉炒藕片

（原料）鲜藕300克，猪里脊肉200克，干辣椒、尖椒各30克

（调料）姜末、植物油、香油、醋、盐适量

（做法）

1. 鲜藕去皮洗净，切成片，放入沸水锅中焯熟；猪里脊肉洗净，切片。

2. 干辣椒洗净，去蒂、籽，切末。尖椒洗净，切片。

3. 锅入油烧热，放入肉片煸香，加入姜末、干辣椒末，放入藕片、尖椒片，加入盐、醋炒均，淋香油，装盘即可。

白辣椒炒肉泥 （猪肉）

原料 猪里脊肉300克，辣椒200克

调料 葱花、蒜片、红椒末、猪油各适量

做法

1. 辣椒洗净，切碎，放入锅中炒干水分；猪里脊肉洗净，剁成肉末。

2. 锅入猪油烧至八成热，下入蒜片炒香，放入肉末炒香，下入辣椒碎，放入红椒末翻炒，撒上葱花，装盘即可。

提示 根据个人口味，可放入适量白糖，可以减轻辣味。

煸炒里脊肉 （猪肉）

原料 猪里脊肉400克，红尖椒50克

调料 葱段、花生油、盐、卤水各适量

做法

1. 猪里脊肉洗净，放入卤水锅中卤熟，捞出，切粗丝；红尖椒洗净，切段。

2. 锅入油烧热，放入红尖椒段，加入盐炒熟，再下猪里脊肉丝、葱段，翻炒均匀即可。

干炒猪肉丝 （猪肉）

原料 猪里脊肉300克，卤豆腐干、芹菜各100克

调料 葱段、姜丝、蒜丝、郫县豆瓣酱、花椒粉、辣椒油、植物油、酱油、盐、辣椒末各适量

做法

1. 猪里脊肉洗净，切长丝，加入盐、酱油拌匀；豆腐干洗净，切长丝；芹菜去叶，洗净，切段。

2. 锅入油烧至六成热，加入豆瓣酱、姜丝、蒜丝、辣椒末、葱段炒匀，放入肉丝炒干水分，再加入豆腐干、芹菜、酱油炒匀，起锅装入盘中，撒上花椒粉，淋辣椒油即可。

（原料）酸豆角、猪里脊肉各200克，鲜红辣椒20克

（调料）葱末、姜末、黑豆豉、植物油、香油、酱油、料酒、白糖、盐各适量

（做法）

1. 猪里脊肉洗净，剁成肉末，用料酒调稀；酸豆角洗净，切碎；红辣椒洗净，切碎。

2. 锅入油烧热，下入葱末、姜末、黑豆豉爆香，放入肉馅煸熟，加入酸豆角碎、红辣椒碎、料酒、盐、酱油、白糖调味，翻炒入味，淋香油，出锅装盘即可。

肉碎豉椒炒酸豆角

八宝肉丁

（原料）猪里脊肉200克，香干丁100克，笋丁、香菇丁、西芹丁、果仁、熟肚丁、毛豆仁各50克

（调料）葱末、姜末、淀粉、蛋清、辣椒酱、面酱、植物油、蚝油、生抽、料酒、白糖、盐各适量

（做法）

1. 猪里脊肉洗净，切丁加蛋清、盐、淀粉拌匀浆好。

2. 锅入油烧热，放入猪里脊肉丁滑熟，放入香干丁、笋丁、香菇丁、熟肚丁、西芹丁、毛豆仁过油，捞出沥油。

3. 锅留底油烧热，放入葱末、姜末、辣椒酱、面酱炒香，放入料酒、盐、白糖、蚝油、生抽、猪里脊肉丁、香干丁、笋丁、香菇丁、熟肚丁、西芹丁、毛豆仁、果仁炒匀，勾芡，装盘即可。

土豆小炒肉

（原料）土豆300克，猪里脊肉100克，青椒、红椒各50克

（调料）水淀粉、植物油、酱油、盐各适量

（做法）

1. 土豆去皮洗净，切小块；青红椒洗净，切片；土豆块入沸水中焯断生。

2. 猪里脊肉洗净，切成片，加入盐、水淀粉、酱油拌匀，备用。

3. 锅入油烧热，放入青红椒片、肉片煸炒至肉片变色，放入土豆块炒熟，加入酱油、盐调味，装盘即可。

（提示）猪肉烹调前不要用热水清洗，因为用热水浸泡会丧失很多营养，同时口味会变差。

莴笋炒肉丝

（原料）莴笋300克，猪里脊肉100克

（调料）葱末、淀粉、花椒、甜面酱、植物油、酱油、料酒、盐各适量

（做法）

1. 猪里脊肉洗净，切成丝；莴笋洗净，切丝。

2. 锅入油烧热，下入肉丝煸炒，下入葱末、甜面酱炒熟，放入莴笋丝炒匀，加入料酒、酱油，再加入盐，勾芡，放入花椒炒匀，装入盘中即可。

（提示）炒时火候要掌握好，不可炒得太久，以免莴笋不够爽脆。

花仁肉丁

（原料）猪里脊肉200克，花生仁100克

（调料）葱末、姜末、蒜末、水淀粉、花生油、酱油、料酒、盐各适量

（做法）

1. 猪里脊肉洗净，切丁，用盐腌好；将酱油、盐、料酒、水淀粉调匀成味汁。

2. 锅入油烧热，下入花生仁炸焦，捞出。

3. 锅留余油烧热，放入肉丁炒散，放入葱末、姜末、蒜末稍炒，烹入调好的汁，放入花生仁炒匀，装盘即可。

（功效）补肾养血，滋阴润燥。

农家小炒肉

（原料）猪里脊肉250克，带皮五花肉、绿尖椒各100克

（调料）蒜片、生粉、植物油、老抽、黄酒、盐各适量

（做法）

1. 猪里脊肉洗净，切片，放入盐、黄酒、老抽、生粉，抓匀，腌渍5分钟；五花肉洗净，切片；绿尖椒洗净，斜切成长条状。

2. 锅入油烧热，放入五花肉片煸炒片刻，倒入尖椒条、蒜片，放入盐，继续翻炒，放入猪里脊肉片略炒，加入老抽炒匀，装盘即可。

原料 猪里脊肉250克，鸡蛋1个

调料 香菜段、葱丝、姜丝、姜汁、高汤、淀粉、植物油、料酒、盐各适量

做法

1. 将猪里脊肉洗净，切成柳叶片；鸡蛋打成鸡蛋液，搅匀。

2. 猪里脊肉片加入盐、料酒、鸡蛋液略腌，加入淀粉上浆；将高汤、料酒、盐、姜汁调成汁。

3. 锅入油烧热，放入浆好的肉片，煎至两面呈金黄色，放入葱丝、姜丝，翻炒一下，再顺锅边倒入调味汁略炒，撒上香菜段，装盘即可。

黄金肉

肉段熘茄子

原料 猪里脊肉400克，茄子200克，胡萝卜20克

调料 葱花、姜末、蒜末、鲜汤、水淀粉、鸡蛋液、植物油、香油、醋、酱油、盐各适量

做法

1. 猪里脊肉洗净，切片，加入鸡蛋液、水淀粉挂糊上浆；茄子洗净，切成条；胡萝卜洗净，切成片。

2. 将鲜汤、酱油、醋、盐、水淀粉，调成味汁。

3. 锅入油烧热，放入肉片炸至表皮稍硬，捞出，待油温升高时，同茄子条再炸两遍。

4. 锅留底油，放入葱花、姜末、蒜末炝锅，放入胡萝卜片、肉片、茄子条，加入对好的汁熘炒，淋香油即可。

锅巴肉片

原料 猪里脊肉300克，锅巴200克，玉兰片、香菇、鲜菜心各100克，泡红椒20克

调料 葱末、姜末、蒜片、高汤、水淀粉、胡椒粉、植物油、醋、酱油、料酒、白糖、盐各适量

做法

1. 猪肉洗净，切片，用盐、料酒稍腌；玉兰片、香菇、鲜菜心分别洗净；泡红椒洗净，切片。

2. 锅入油烧热，放姜末、葱末、蒜片、泡红椒片、玉兰片、香菇、鲜菜心炒香，倒入高汤、胡椒粉、醋、酱油、料酒、白糖、盐，放入肉片烧熟，用水淀粉勾芡，起锅装在大碗中。

3. 锅入油烧热，放入锅巴炸至表面浅黄捞起，装入碗中，把肉片带汁浇入锅巴上即可。

咕咾肉 猪肉

原料 猪里脊肉300克，菠萝、青椒、红椒各50克，鸡蛋液20克

调料 蒜末、番茄酱、淀粉、胡椒粉、植物油、白醋、生抽、黄酒、白糖、盐各适量

做法

1. 猪里脊肉、菠萝分别洗净，切块；青椒、红椒洗净，切片；猪肉块用生抽、胡椒粉、黄酒、盐，腌渍片刻。

2. 鸡蛋液倒入腌好的肉碗中，裹淀粉入热油锅中炸至金黄，捞出沥油。

3. 油锅中放入蒜末、青椒、红椒片煸炒，调入白醋、生抽、番茄酱、白糖适量，倒入清水，旺火烧开，用淀粉勾芡，放入肉块、菠萝块，翻炒均匀即可。

锅包肉 猪肉

原料 猪里脊肉250克，胡萝卜30克，鸡蛋1个

调料 香菜段、葱丝、姜丝、蒜丝、鲜汤、淀粉、植物油、香油、醋、酱油、白糖、盐各适量

做法

1. 猪里脊肉洗净，切成片，用淀粉、鸡蛋、少量水抓匀；胡萝卜洗净，切丝。

2. 将酱油、盐、醋、白糖、鲜汤兑成汁。

3. 锅入油烧热，放入肉片炸至呈金黄色，捞出。

4. 原锅留油烧热，放入葱丝、姜丝、蒜丝、胡萝卜丝、炸好的肉片炒熟，淋香油，撒香菜段，装盘即可。

焦熘里脊片 猪肉

原料 猪里脊肉350克，鸡蛋清20克

调料 葱末、姜末、蒜末、清汤、水淀粉、花生油、醋、酱油、盐各适量

做法

1. 猪里脊肉洗净，切片，加入盐、鸡蛋清、水淀粉抓匀。

2. 将猪里脊肉片逐片放入油锅中，炸至两面呈深黄色，捞出。

3. 锅留余油烧热，放入葱末、姜末、蒜末炸香，烹入醋，加入酱油、清汤烧沸，用水淀粉勾芡，再倒入炸好的猪里脊片，颠翻两下，使芡汁均匀地粘裹在里脊片上，装盘即可。

原料 猪里脊肉300克，青椒、胡萝卜各50克

调料 葱末、蒜末、淀粉、香油、酱油、料酒、盐、番茄酱、白醋、蛋黄各适量

做法

1. 猪里脊肉洗净，切小块，加入淀粉、香油、酱油、料酒、盐、蛋黄腌拌10分钟；青椒去蒂、籽洗净，切小块；胡萝卜去皮洗净，切片。

2. 锅入油烧热，放入猪里脊肉块炸熟，盛出。

3. 锅留余油烧热，放入葱末、蒜末爆香，放入青椒块、胡萝卜片炒熟，加入番茄酱、白醋、猪里脊肉块炒至入味，装盘即可。

糖醋里脊

猪肉

秘制玻璃肉

猪肉

酱爆里脊丁

猪肉

原料 猪里脊肉200克，鸡蛋液20克

调料 淀粉、面粉、植物油、香油、白糖各适量

做法

1. 猪里脊肉洗净，切成小块，放入鸡蛋液、淀粉、面粉拌匀。

2. 锅入油烧热，放入肉块炸至呈金黄色，捞出。

3. 锅入香油烧热，加入白糖，用微火熬到起泡、可以拉丝时，放入炸好的肉块，迅速搅一下，盛入盘中即可。

原料 猪里脊肉300克，油炸花生仁50克，鸡蛋1个

调料 葱花、姜末、蒜片、水淀粉、黄酱、植物油、香油、料酒、白糖、盐各适量

做法

1. 猪里脊肉洗净，切大片，剞十字花刀，再改切成小丁，加入盐、料酒、鸡蛋、水淀粉上浆，放入热油锅中滑透，捞出沥油。

2. 锅入油烧热，放入葱花、姜末、蒜片炝锅，烹入料酒，下入黄酱、白糖爆炒出酱香味，加入盐烧开，再放入肉丁、花生仁旺火爆炒，用水淀粉勾芡，淋香油，装盘即可。

糯米斩肉

原料 猪里脊肉750克，糯米饭200克

调料 葱末、姜末、淀粉、植物油、酱油、料酒、白糖、盐各适量

做法

1. 猪肉洗净，剁成泥，加入糯米饭、葱末、姜末、盐、料酒、酱油、白糖、淀粉、清水搅拌上劲。

2. 锅入油烧热，将肉泥制成扁球状，放入锅中煎至呈金黄色，捞出沥油。

3. 锅中放入清水，加入盐、料酒、酱油、白糖、肉饼，烧沸后撇去浮沫，焖烧至入味即可。

水煮肉片

原料 猪里脊肉150克、青菜100克，蛋清20克

调料 葱段、姜片、高汤、淀粉、干辣椒末、花椒末、胡椒粉、豆瓣酱、植物油、酱油、料酒、盐各适量

做法

1. 猪里脊肉洗净，切片，加入鸡蛋清、淀粉、盐、料酒上浆；青菜洗净，切片。

2. 锅入油烧热，下入豆瓣酱爆炒，放入青菜叶、葱段、姜片、高汤、酱油、胡椒粉、料酒，略搅几下，放入肉片烧熟，将肉片盛起，放入干辣椒末、花椒末，剩余的植物油烧开，淋在肉片上即可。

肉片烧口蘑

原料 猪肉150克，青椒、红椒、口蘑各100克

调料 葱末、姜末、蒜片、鲜汤、水淀粉、植物油、蚝油、香油、绍酒、白糖、盐各适量

做法

1. 猪肉、青红椒分别洗净，切片；口蘑洗净，切片。

2. 锅入油烧热，下入葱末、姜末、蒜片炒香，放入猪肉片炒至变色，加入鲜汤、绍酒烧沸，加入口蘑片、盐、蚝油、白糖，转小火烧至入味，放入青红椒片炒熟，用水淀粉勾芡，淋香油，装盘即可。

原料 金针菇300克，猪里脊肉200克

调料 香菜段、葱丝、姜丝、水淀粉、油、香油、白醋、酱油、绍酒、盐各适量

做法

肉丝烧金针 猪肉

1. 猪里脊肉洗净，切丝；金针菇切去根部，洗净，切段。

2. 锅入油烧热，下入肉丝煸炒至变色，放入葱丝、姜丝、绍酒、白醋、酱油、金针菇翻炒，加入少许清水烧沸，调入盐，用中火烧至浓稠，用水淀粉勾芡，淋香油，撒上香菜段，装入盘中即可。

湘西炒肉 猪肉

原料 猪里脊肉400克，青蒜50克，干辣椒10克

调料 清汤、玉米粉、植物油、盐各适量

做法

1. 猪里脊肉洗净，切片；青蒜洗净，切粒；干辣椒洗净，切末。

2. 锅入油烧至六成热，放入肉片、干辣椒末煸炒两分钟，当肉渗出油时，将肉片扒在锅边，下入玉米粉炒成黄色，再与肉片合并，倒入清汤，焖2分钟，待汤汁稍干，放入盐、青蒜炒几下，装盘即可。

酿焖扁豆 猪肉

原料 扁豆角200克，猪肉末300克

调料 葱花、姜末、蒜末、甜面酱、植物油、老抽、香油、酱油、料酒、白糖各适量

做法

1. 扁豆角洗净，从旁边刨开；猪肉末加入葱花、姜末、蒜末、白糖、料酒、老抽、香油拌匀。

2. 将拌好的肉馅逐个塞入扁豆夹中，用煎锅煎熟，捞出沥油。

3. 锅入油烧热，加入甜面酱、酱油、料酒炒香，放入煎好的扁豆夹，加入白糖调味，焖至入味，收汁即可。

软炸里脊

原料 猪里脊肉200克，鸡蛋清20克

调料 水淀粉、植物油、料酒、盐各适量

做法

1. 猪里脊肉洗净，切片，剞十字花刀，再切条，放入碗中，加入盐、料酒腌渍入味。

2. 再取一碗，放入鸡蛋清、水淀粉搅匀成糊。

3. 锅入油烧热，将肉条蘸上蛋糊，放入油锅中炸透捞出，待油温升至200℃时，将肉投入复炸至呈深红色，捞出沥油，装盘即可。

提示 炸里脊肉的火候一定要控制在中火，这样炸出的里脊肉才会外酥里嫩，鲜美多汁。

干炸里脊

原料 猪里脊肉300克

调料 淀粉、花椒盐、植物油、料酒各适量

做法

1. 淀粉加入适量水调成硬糊。

2. 猪里脊肉洗净，切长块，用料酒调味，放入硬糊中拌匀。

3. 锅入油烧热，放入拌好的里脊肉块炸至呈焦黄色，再转微火上浸炸，转旺火将其炸至焦酥，捞出，放入盘中，撒上花椒盐即可。

提示 里脊肉切成小块，更容易入味。

麻香脆里脊

原料 猪里脊肉250克，熟白芝麻、鸡蛋清各20克

调料 水淀粉、植物油、酱油、料酒、盐各适量

做法

1. 猪里脊肉洗净，切片，两边均匀地剞上十字花刀，再切成长条，放入碗中，加入盐、料酒、酱油腌渍入味。

2. 取一小碗，放入鸡蛋清、水淀粉，搅匀成糊。

3. 锅入油烧热，将肉条挂上蛋糊，再滚满熟白芝麻，放入油锅中炸透捞出，油温升高到九成热时，再倒入肉条，炸至呈金黄色，捞出，改刀装盘即可。

苦瓜酿肉

原料 苦瓜750克，肉馅300克，小米椒20克，鸡蛋2个

调料 蒜片、淀粉、胡椒粉、猪油、香油、酱油、盐各适量

做法

1. 苦瓜洗净，切段，用勺子挖去籽、瓤；小米椒洗净，切末。

2. 肉馅中加入鸡蛋、淀粉、香油、胡椒粉、猪油、酱油、盐，朝一个方向用力搅匀。

3. 将肉馅填入苦瓜心儿中，码入盘中，撒上小米椒末、蒜片，放入蒸锅中蒸熟即可。

豆豉辣酱蒸里脊

原料 猪里脊肉400克

调料 姜末、豆豉、辣椒酱、植物油、酱油、料酒、白糖各适量

做法

1. 猪里脊肉洗净，切成丁，放入姜末、料酒、酱油搅拌均匀。

2. 豆豉放入碗中，用清水略浸泡，捞出沥水。

3. 锅入油烧热，放入猪里脊肉丁翻炒片刻，加入豆豉、辣椒酱、白糖炒匀，盛入盘中，放入蒸锅蒸熟即可。

芝麻神仙骨

原料 排骨500克，熟白芝麻、干辣椒各20克

调料 蒜末、姜末、蛋黄、淀粉、沙姜粉、植物油、香油、醋、酱油、白糖、盐各适量

做法

1. 干辣椒洗净，切段；排骨洗净，切块，加入酱油、沙姜粉、蛋黄腌拌入味，放入油锅中炸至呈金黄色，捞出沥干油。

2. 锅入油烧热，放入蒜末、姜末、干辣椒段爆香，加入醋、白糖、淀粉、香油、盐、酱油煮滚，放入排骨块回锅炒匀，撒上白芝麻，装入盘中即可。

双椒烧仔骨

原料 排骨500克，干红辣椒20克

调料 葱花、姜片、花椒、植物油、高汤、盐、酱油、淀粉、醪糟、白糖、香油各适量

做法

1. 排骨洗净，剁小块，加入淀粉、香油腌拌。干辣椒洗净，切段。

2. 腌好的排骨放入油锅中过油，捞出沥油。

3. 锅留底油烧热，放入花椒、干红辣椒段、姜片、葱花爆香，加高汤、酱油、盐、排骨块炒匀煮开，加入淀粉、醪糟、白糖勾芡，淋香油，装入盘中即可。

糖醋排骨

原料 排骨500克，泡红辣椒20克

调料 葱花、姜片、蒜片、水淀粉、鲜汤、植物油、醋、白糖、盐、酱油各适量

做法

1. 排骨洗净，剁成小块；泡红辣椒洗净，切节。

2. 锅入油烧至六成热，下入排骨块煨干水分，放入盐、酱油、蒜片、姜片、泡红辣椒节、鲜汤烧开，待肉软熟透时，加入白糖、醋、葱花、水淀粉，汤汁收浓后，起锅装盘即可。

蒜子烧排骨

原料 排骨500克，干香菇100克

调料 蒜、香菜段、植物油、酱油、盐、料酒、白糖各适量

做法

1. 排骨洗净，切块；干香菇泡发，切块；蒜去皮洗净。

2. 锅入油烧热，下入蒜、香菇块、酱油、白糖、料酒，盖上盖，转中火焖煮。

3. 排骨熟烂后，加入盐调味，旺火收汁，撒上香菜段，装盘即可。

（原料）排骨200克，土豆150克，青椒、红椒各50克

（调料）葱花、八角、辣椒面、花椒粉、孜然粉、植物油、红油、酱油、料酒、盐各适量

（做法）

1. 排骨洗净，切块，放入沸水锅中，放入八角、料酒、酱油，旺火烧沸，转文火煮熟，捞出。

2. 青椒、红椒洗净，切段；土豆去皮洗净，切条，放入热油锅中炸至呈金黄色，捞出。

3. 锅留底油烧热，放入青椒段、红椒段、葱花爆锅，倒入排骨块、土豆条，放入盐、酱油、辣椒面、红油、孜然粉、花椒粉烧入味炒匀，装盘即可。

巴蜀肋排

蒜香排骨

（原料）猪肋排300克，鸡蛋液20克

（调料）葱末、姜末、炸蒜末、蒜香粉、植物油、料酒、白糖、盐各适量

（做法）

1. 猪肋排洗净，改寸段。

2. 排骨段加入蒜香粉调味，加入鸡蛋液、白糖、植物油、料酒、盐腌渍入味。

3. 锅入油烧热，放入排骨段慢火炸透，捞出。

4. 另起锅入油烧热，加入葱末、姜末、炸蒜末炒香，放入炸好的排骨段炒匀，装盘即可。

香酥炸肉

（原料）猪肋排肉500克

（调料）葱花、姜丝、淀粉、胡椒粉、花生油、料酒、盐各适量

（做法）

1. 猪肋排洗净，切成长条，余水捞出，放入碗中，加入料酒、盐、葱花、姜丝腌渍入味。

2. 锅入油烧至六成热，将肉条裹匀淀粉，逐条下入油中，温火炸至九成熟，捞出。

3. 原锅留油烧热，放入肉条复炸至呈金黄色，捞出控油，装盘，撒胡椒粉即可。

芦笋炒腊肉

原料 芦笋、腊肉各200克，干红椒20克

调料 姜丝、水淀粉、植物油、香油、蚝油、料酒、盐各适量

做法

1. 芦笋洗净，切成丝；腊肉洗净，切成丝，余水；干辣椒洗净，切丝。

2. 锅中加入清水、料酒、盐，下入芦笋焯水。

3. 锅入油烧热，下入腊肉丝煸香，放入干辣椒丝、姜丝翻炒，放入芦笋丝，加入盐、蚝油炒拌入味，用水淀粉勾芡，淋香油，装盘即可。

蒜薹腊肉

原料 腊肉150克，蒜薹300克，红尖椒20克

调料 葱丝、水淀粉、植物油、醋、盐各适量

做法

1. 腊肉用温水洗净，放入蒸笼蒸熟，取出放凉，切成长条。

2. 蒜薹洗净，切段；红尖椒洗净，切条。

3. 锅入油烧热，下入腊肉条、蒜薹段，炒至蒜薹变色，放入尖椒条、盐、葱丝，炒熟，烹入醋，用水淀粉勾芡，装盘即可。

双干炒腊肉

原料 腊肉300克，莴苣干、菜花干、小米椒各100克

调料 姜末、豆豉、植物油、盐各适量

做法

1. 腊肉洗净，放入锅中煮熟，捞出凉凉，切条。

2. 小米椒洗净，切末；莴苣干、菜花干分别洗净，泡软。

3. 锅入油烧热，下入姜末、豆豉、小米椒末，放入腊肉条炒香，下入莴苣干、菜花干翻炒2分钟，加入适量水，盖上盖子，焖1分钟至水收干，加入盐调味，装盘即可。

腊肉200克，芥蓝200克，红辣椒50克

调料 蒜片、水淀粉、植物油、香油、酱油、料酒、白糖、盐各适量

芥蓝腊肉

做法

1. 腊肉洗净，切薄片，放入沸水中稍煮捞出；红辣椒洗净，切段；芥蓝洗净。

2. 锅入清水烧沸，加入盐、白糖、植物油，放入芥蓝焯熟，捞出，摆入盘中。

3. 锅入油烧热，下入蒜片、红辣椒段爆香，加入腊肉片、芥蓝、香油、酱油、料酒、白糖，旺火炒匀，用水淀粉勾芡，淋香油即可。

茭白烧腊肉

腊肉香干煲

原料 茭白400克，腊肉100克，香菇50克

调料 植物油、酱油、白糖、盐各适量

做法

1. 茭白去皮洗净，切条；腊肉洗净，切条；香菇放入温水中浸泡。

2. 锅入油烧至六成热，放入茭白条炸至五成熟，捞出。

3. 锅留余油烧热，放入腊肉条炒出香味，再放入茭白条、香菇、白糖、酱油、盐焖烧片刻，倒入适量水，烧熟入味，出锅装盘即可。

原料 腊肉150克，香干100克，青椒圈、干辣椒段各20克

调料 姜片、蒜子、鲜汤、八角、桂皮、豆瓣酱、辣酱、老抽、白糖、盐各适量

做法

1. 香干洗净，切成三角片，放入油锅中炸至呈金黄色；腊肉洗净，切片。

2. 锅入油烧热，下入姜片、八角、干椒段、桂皮、蒜子、豆瓣酱煸香，放入腊肉片略煸，倒入鲜汤，加入盐、老抽、白糖、辣酱调色，汤烧开后放入香干，小火煲至松软、汤汁浓郁，再下入青椒圈稍煮即可。

荷香蒸腊肉 猪肉

原料 腊肉400克

调料 荷叶、葱花、姜末、香油各适量

做法

1. 腊肉洗净，切片；荷叶洗净，铺入盘中，将腊肉摆在盘中荷叶上。

2. 蒸锅放入清水烧沸，放入腊肉片，用中火蒸熟取出，撒上姜末、葱花，淋香油即可。

咸蛋黄焗火腿肠 腊肉

原料 青菜300克，火腿肠50克，咸蛋黄3个

调料 葱花、面粉、淀粉、鸡蛋、植物油、盐各适量

做法

1. 青菜洗净；火腿肠切块，放入面粉、淀粉、鸡蛋挂糊上浆。咸蛋黄压成泥。

2. 锅入油烧热，放入火腿肠块炸至呈金黄色，捞出；青菜炒熟，用盐调味，装入盘中。

3. 锅留底油烧热，放入咸蛋黄泥炒酥，倒入火腿肠块翻炒，使其表面蘸一层蛋黄粉，装入青菜盘中，撒上葱花即可。

菜头炒香肠 猪肉

原料 菜头500克，香肠150克，泡红椒片50克

调料 姜片、蒜片、水淀粉、猪油、蚝油、香油、盐、香菜段各适量

做法

1. 菜头去皮洗净，切片，加入盐抓匀。

2. 香肠切成片，放入锅中煸炒至出油，盛出。

3. 锅入猪油烧热，下入姜片煸香，再下入菜头片、泡红椒片翻炒几下，放入盐、蚝油炒匀，下入煸好的香肠片、蒜片，炒至菜头刚好转色时，用水淀粉勾芡，淋香油，撒香菜段即可。

小炒肥肠 猪肉

原料 熟肥肠200克，毛豆粒300克，红杭椒50克

调料 葱花、姜丝、蒜末、植物油、辣椒油、料酒、白糖、盐各适量

做法

1. 熟肥肠洗净，切块；毛豆粒洗净，放入锅中煮熟，捞出；红杭椒洗净，切成小段。

2. 锅入油烧热，放入葱花、姜丝、蒜末、红杭椒段、料酒爆香，放入肥肠块、毛豆粒、盐、白糖调味，翻炒一会儿，淋辣椒油，装盘即可。

辣子肥肠 _{猪肉}

原料 熟肥肠300克，干辣椒段10克

调料 葱片、姜片、蒜片、花椒、麻椒、植物油、酱油、绍酒、白糖、盐各适量

做法

1. 熟肥肠洗净，切粗段，焯水冲凉，沥干。

2. 锅入油烧热，放入葱片、姜片、蒜片炒香，加入肥肠段，煸至肥肠没有水分，盛出。

3. 锅入油烧热，放入干辣椒段、花椒、麻椒炒至变色，倒入肥肠段，加入绍酒、酱油、白糖、盐，继续翻炒至汤汁收干，装盘即可。

熘炒肥肠 _{猪肉}

原料 熟肥肠300克，黄瓜片50克

调料 葱末、姜末、蒜末、水淀粉、植物油、香油、醋、酱油、绍酒、白糖、盐各适量

做法

1. 熟肥肠洗净，切长段，放入沸水中焯烫，捞出沥干，再下入热油锅中，煎炸片刻，倒入漏勺。

2. 将酱油、白糖、盐、水淀粉调成芡汁。

3. 锅入油烧热，放入葱末、姜末、蒜末炝锅，烹入醋、绍酒，下入肥肠、黄瓜片煸炒，倒入对好的芡汁，淋香油，装盘即可。

傻人肥肠 _{猪肉}

原料 熟肥肠300克，青豆20克，油菜50克、胡萝卜丁适量

调料 葱花、姜片、水淀粉、植物油、酱油、料酒、白糖、盐各适量

做法

1. 熟肥肠洗净，切厚片；油菜洗净，焯水，放入盘中；青豆用沸水煮熟。

2. 锅入油烧热，放入葱花、姜片、酱油、料酒爆香，放入肥肠片、胡萝卜丁、青豆、盐、白糖调味，炒至入味，用水淀粉勾芡，装入盘中即可。

黄豆芽炒肥肠 _{猪肉}

原料 黄豆芽250克，卤肥肠100克，红椒丝20克

调料 葱末、蒜末、XO酱、植物油、白糖、盐各适量

做法

1. 卤肥肠洗净，斜刀切片；红椒洗净，切丝；黄豆芽洗净，放入锅中炒至八成熟，捞出备用。

2. 锅入油烧热，放入卤肥肠炸熟，捞出沥油。

3. 锅留余油烧热，放入葱末、蒜末、红椒丝爆香，下入黄豆芽、肥肠翻炒，加入XO酱、白糖、盐，炒匀装盘即可。

麻花肥肠 猪肉

原料 麻花、猪肥肠各200克，干辣椒段30克

调料 葱段、姜片、花椒、植物油、料酒、盐各适量

做法

1. 猪肥肠洗净，切段，放入沸水锅中，加入料酒、葱段、姜片汆烫，捞出沥水。

2. 锅入油烧热，下入肥肠段稍炸，捞出沥油。

3. 锅留底油烧热，下入干辣椒段、花椒煸出香味，加入麻花、肥肠段炒熟，放入盐调味，装盘即可。

青蒜炒肥肠 猪肉

原料 熟猪肠300克，青蒜100克

调料 植物油、香油、醋、酱油、料酒、白糖、盐各适量

做法

1. 熟肥肠切块。青蒜洗净，切段。

2. 锅入油烧热，放入青蒜段爆香，加入醋、料酒、酱油，放入肥肠块翻炒，调入盐、白糖炒匀，淋香油即可。

提示 青蒜不易熟，炒前用热水焯一下。焯水的时候可以放入适量的油，保证蒜苗的颜色。

焦炸象眼 猪肉

原料 熟肥肠500克，鸡蛋2个，面粉50克

调料 葱段、姜片、葱白、花椒盐、植物油、绍酒、盐各适量

做法

1. 熟肥肠洗净，切片；鸡蛋、面粉调成糊，裹匀熟肥肠。

2. 油烧至六成热，下入肥肠片炸至呈微黄色，捞出。

3. 原锅留油烧热，放入葱段、姜片、葱白爆香，加入绍酒、盐，放入肥肠片复炸至呈金黄色，捞出沥油，装入盘中，撒上花椒盐即可。

清炸肥肠 猪肉

原料 熟肥肠400克

调料 葱白、香菜段、花椒盐、植物油、酱油、料酒各适量

做法

1. 熟肥肠洗净，切成段，加入料酒，用手抓匀，再放入酱油腌渍片刻，捞出。

2. 锅入油烧热，放入肥肠炸至呈枣红色，捞出沥油，放在砧板上切成斜块，码入盘中。食用时配上葱白、花椒盐、香菜段即可。

蒜香肠片 猪肉

原料 熟肥肠250克，红辣椒30克，青蒜25克

调料 姜片、蒜末、胡椒粉、高汤、植物油、蚝油、香油、酱油、料酒、盐各适量

做法

1. 熟肥肠洗净，切片；红辣椒洗净，切片；青蒜洗净，切段。

2. 锅入油烧热，放入姜片、蒜末、肥肠片爆香，烹入料酒，倒入高汤煮开，调入盐、蚝油、酱油，用小火煨至肥肠酥烂时，下入红辣椒片、青蒜段烧片刻，撒入胡椒粉，淋入香油即可。

豆花肥肠 猪肉

原料 熟肥肠300克，豆腐150克

调料 葱末、姜末、蒜末、豆瓣酱、花椒粉、高汤、植物油、酱油、盐各适量

做法

1. 豆瓣酱剁成蓉；豆腐洗净，压碎；熟肥肠切条。

2. 锅入油烧热，放入肥肠条煸炒，加入花椒粉、姜末、蒜末、葱末、酱油、盐炒香盛出。

3. 油锅烧热，下入豆瓣蓉炒出香味，加高汤烧开，放入豆腐碎、肥肠条，烧至肥肠熟软入味汁浓，撒上葱末即可。

豆腐烧肠头 猪肉

原料 熟肥肠300克，豆腐100克

调料 葱花、姜末、蒜末、豆瓣酱、植物油、料酒、盐各适量

做法

1. 豆腐洗净，切丁，放入沸水中焯一下，捞出；熟肥肠洗净，切片。

2. 锅入油烧热，下入姜末、蒜末、豆瓣酱炒香，放入肥肠片煸炒，加入适量水煮沸。

3. 放入豆腐丁，放入盐、料酒、葱花调味，稍煮即可。

水煮肥肠 猪肉

原料 熟肥肠350克，白菜80克，青蒜段适量

调料 葱段、姜片、蒜片、高汤、豆瓣酱、胡椒粉、植物油、酱油、料酒、盐各适量

做法

1. 熟肥肠洗净，切块；白菜洗净，切段。

2. 锅入油烧热，加入葱段、姜片、蒜片、豆瓣酱爆香，加入料酒、酱油、高汤稍煮，再放肥肠块、白菜段、青蒜段、盐、胡椒粉调味，煮至入味，出锅即可。

湘西风味炒猪肝 猪肉

原料 猪肝400克，青蒜40克，红杭椒20克

调料 葱花、姜末、蒜片、淀粉、辣椒酱、辣椒油、植物油、料酒、白糖、盐各适量

做法

1. 猪肝洗净，切片，加入盐、料酒、淀粉上浆，放入热油锅中滑熟，捞出；青蒜洗净，切段；红杭椒洗净，切圈。

2. 锅入油烧热，放葱花、姜末、蒜片、辣椒酱爆香，放入青蒜段、猪肝片，加入盐、白糖调味，翻炒均匀，淋辣椒油，装盘即可。

小炒肝尖 猪肉

原料 猪肝200克，青辣椒、红辣椒各100克

调料 姜末、蒜片、淀粉、植物油、生抽、盐各适量

做法

1. 猪肝洗净，切片，放入盐、生抽、淀粉搅匀。

2. 青辣椒、红辣椒分别洗净，切条状。

3. 锅入油烧热，放入蒜片、姜末爆香，放入猪肝片爆炒至猪肝变色，下入青辣椒条、红辣椒条炒熟，装盘即可。

香菇黑木耳炒猪肝 猪肉

原料 猪肝200克，水发香菇、水发木耳各20克

调料 葱花、姜末、五香粉、水淀粉、植物油、香油、酱油、料酒、红糖、盐各适量

做法

1. 水发香菇洗净，切成片；水发木耳洗净，撕成花瓣状；猪肝洗净，切成片，放入碗中，加入葱花、姜末、料酒、水淀粉拌匀。

2. 锅入油烧热，放入葱花、姜末、猪肝片炒匀，加入香菇片、木耳，再放入盐、酱油、红糖、五香粉炒熟，用水淀粉勾芡，淋香油即可。

溜炒肝尖 猪肉

原料 猪肝300克，洋葱片、水发木耳、红椒块各50克

调料 葱末、姜末、蒜末、水淀粉、植物油、香油、酱油、料酒、白糖、盐各适量

做法

1. 猪肝洗净，切成片，加入盐、料酒、水淀粉拌匀；酱油、盐、料酒、白糖、水淀粉调成芡汁。

2. 锅入油烧热，下入猪肝片滑散至熟，捞出。

3. 锅留底油烧热，下入葱末、姜末、蒜末爆香，放入洋葱片、木耳、红椒块煸炒，放入肝片，调入芡汁炒匀，淋香油，装盘即可。

酱爆肝腰球 〔猪肉〕

原料 猪肝300克，猪腰200克

调料 葱段、姜片、蒜段、淀粉、豆瓣酱、泡辣椒、泡姜、花椒粒、植物油、酱油、料酒、盐各适量

做法

1. 猪肝洗净，切片；猪腰洗净，改刀切花；将猪肝片、猪腰花用淀粉、料酒拌匀。

2. 花椒入油锅炸香，放入猪肝片、猪腰花，炒匀，倒入豆瓣酱、泡姜、泡辣椒、姜片、蒜段快速翻炒，加盐、酱油、葱段调味，出锅装盘即可。

芫爆肝丝 〔猪肉〕

原料 猪肝200克，香菜30克，尖椒20克

调料 葱丝、植物油、蚝油、生抽、香油、盐各适量

做法

1. 猪肝洗净，切丝，放入沸水中余水；香菜择洗干净，切段；尖椒洗净，切丝。

2. 锅入油烧热，放入葱丝炒香，加入香菜段、尖椒丝、猪肝丝，加入蚝油、生抽、盐，急火快炒至入味，淋香油，装盘即可。

海蜇炒腰条 〔猪肉〕

原料 猪腰300克，海蜇150克，红辣椒50克，蒜薹100克

调料 葱花、植物油、酱油、盐各适量

做法

1. 猪腰处理干净，切成条；海蜇用温水泡发，切段；蒜薹洗净，切段；红辣椒洗净，去蒂、籽，切条。

2. 锅入油烧热，放入葱花爆香，放入海蜇段、猪腰条、蒜薹段、红辣椒条，加入酱油、盐调味，翻炒至熟，装盘即可。

豆豉辣酱炒腰花 〔猪肉〕

原料 猪腰400克，干辣椒30克、蒜薹50克

调料 葱段、姜片、蒜片、淀粉、豆豉辣酱、胡椒粉、植物油、醋、酱油、料酒、盐各适量

做法

1. 猪腰处理干净，改十字花刀，加入盐、料酒、淀粉上浆，放入热油锅中滑油，捞出沥油；干辣椒洗净，切段；蒜薹洗净，切段。

2. 锅入油烧热，放入姜片、蒜片、葱段、蒜薹、干辣椒段、醋、酱油、豆豉辣酱炒香，再放入腰花、盐、胡椒粉炒匀，出锅装盘即可。

宫保腰块 〔猪肉〕

原料 猪腰250克，炸腰果100克，干辣椒20克

调料 葱片、姜片、蒜片、淀粉、花椒、植物油、醋、酱油、料酒、白糖、盐各适量

做法

1. 猪腰处理干净，剞十字花刀，切成条形块，用盐、料酒、淀粉上浆；干辣椒洗净，切段。

2. 取一小碗，放入白糖、醋、酱油、料酒、盐、水淀粉，调匀成味汁。

3. 锅入油烧热，下入干辣椒段、花椒，待辣椒炸至呈深褐色，下入猪腰块炒散，放入姜片、葱片、蒜片稍炒，调入味汁，撒上炸腰果炒匀，出锅装盘即可。

杜仲腰花 〔猪肉〕

原料 猪腰300克，杜仲20克

调料 葱段、姜片、蒜片、花椒、干淀粉、植物油、醋、酱油、绍酒、白糖、盐各适量

做法

1. 杜仲洗净，加入水熬成浓汁，加入绍酒、酱油、干淀粉、盐、白糖调成芡汁。

2. 猪腰洗净，切两半，片去腰臊筋膜，切成腰花。

3. 锅入油烧热，放入花椒、腰花、葱段、姜片、蒜片快速炒散，沿锅倒入芡汁、醋，翻炒均匀即可。

海派腰花 〔猪肉〕

原料 猪腰600克，干辣椒30克

调料 葱丝、姜末、植物油、白糖、盐各适量

做法

1. 猪腰洗净，切花刀；干辣椒洗净，切圈。

2. 锅入油烧热，下入猪腰花滑炒熟透，捞出，装入盘中。

3. 另起油锅烧热，加入姜末、葱丝、干辣椒圈、盐、白糖炒匀，淋在腰花上即可。

原料 猪腰300克，竹笋、水发木耳各50克

调料 葱段、水淀粉、植物油、香油、酱油、料酒、白糖、盐各适量

做法

1. 猪腰处理干净，剖十字花刀，切成条形块；竹笋洗净，切片；水发木耳洗净，择成小朵。

2. 锅入油烧热，放入猪腰块滑油，捞出。

3. 锅留余油烧热，放入葱段炒香，放入竹笋片、木耳略炒，加入酱油、料酒、白糖、盐调味，放入腰花，旺火爆炒，加入水淀粉勾芡，淋香油，出锅即可。

京葱爆腰花

火爆腰花

黄花菜蒸猪腰

原料 猪腰200克，莴笋100克，泡辣椒20克

调料 葱片、姜片、蒜片、鲜汤、水淀粉、胡椒粉、植物油、香油、酱油、料酒、盐各适量

做法

1. 莴笋洗净，切成长条；猪腰处理干净，切成凤尾形，加入料酒、盐、水淀粉拌匀；泡辣椒洗净，切片。

2. 将盐、胡椒粉、料酒、酱油、鲜汤、水淀粉、香油调匀成芡汁。

3. 锅入油烧热，放入腰花块炒散，放入泡辣椒片、葱片、姜片、蒜片爆香，放入莴笋条炒匀，倒入芡汁，旺火爆炒，待收汁，装入盘中即可。

原料 猪腰250克，黄花菜60克，木耳、红枣各10克

调料 葱末、姜末、酱油、白糖、料酒、盐、胡椒粉、淀粉、油、香油各适量

做法

1. 猪腰处理干净，剖十字花刀，放入沸水中余一下，捞出，放入凉水中浸泡片刻。

2. 黄花菜洗净泡软，把两端切掉；木耳、红枣洗净，用温水泡软。

3. 将猪腰块、黄花菜、木耳、红枣放入容器中，加入葱末、姜末、酱油、白糖、料酒、盐、胡椒粉、淀粉、油、香油搅匀，盛入盘中，放入蒸笼中蒸熟即可。

泡椒肚尖 猪肉

原料 猪肚400克，泡红椒50克，泡青椒20克

调料 葱花、泡姜片、水淀粉、鲜汤、植物油、香油、料酒、盐各适量

做法

1. 猪肚洗净，切成菱形块，用盐、水淀粉腌渍；泡红椒、泡青椒分别洗净，切末。

2. 鲜汤、料酒、盐调成味汁。

3. 锅入油烧热，下入猪肚块炒香，倒出沥油。

4. 锅留油烧热，放入泡青椒末、泡红椒末、泡姜片炒香，放入猪肚块炒匀，加入芡汁调匀，淋香油，撒上葱花即可。

苦瓜炒肚丝 猪肉

原料 苦瓜、熟猪肚各200克，红椒丝10克

调料 葱丝、蒜片、胡椒面、植物油、香油、醋、料酒、盐各适量

做法

1. 苦瓜洗净，去瓤，切成丝；猪肚洗净，切丝。

2. 将料酒、醋、盐、胡椒面、香油调匀成味汁。

3. 锅入油烧至六成热，放入猪肚丝、苦瓜丝过油，捞出。

4. 原锅留底油烧热，放入葱丝、蒜片、红椒丝炝锅，放入肚丝、苦瓜丝翻炒均匀，加入味汁调味，快速炒匀，装盘即可。

莴笋烧肚条 猪肉

原料 猪肚200克，莴笋150克，青椒、红椒各10克

调料 蒜瓣、植物油、红油、料酒、盐各适量

做法

1. 莴笋去皮洗净，切成条，焯熟后摆入盘中；猪肚洗净，焯水捞出，切成条；青椒、红椒分别洗净，切丝。

2. 锅入油烧热，放入青椒丝、红椒丝、蒜瓣炒香，放入猪肚条翻炒片刻，倒入水烧开，继续烧至肚条熟透，待汤汁浓稠时，调入盐、料酒、红油拌匀，起锅倒在莴笋条上即可。

(原料) 猪肚500克, 冬笋片、水发香菇片各50克

(调料) 葱末、姜末、蒜片、鸡汤、八角、水淀粉、植物油、花椒油、香油、酱油、盐、料酒各适量

(做法)

1. 猪肚洗净, 加入葱末、姜末、八角、料酒, 旺火煮至猪肚熟烂, 过凉水, 捞出, 切成块。

2. 锅入油烧热, 下入葱末、姜末、蒜片炒香, 放入猪肚块、水发香菇片、冬笋片, 用旺火炒匀, 加入鸡汤烧沸, 撇去浮沫, 加入酱油、盐, 转小火烧至入味, 加入水淀粉勾芡, 淋香油、花椒油, 炒匀即可。

双冬烧肚仁 (猪肉)

剁椒蒸猪肚 (猪肉)

香辣猪皮 (猪肉)

(原料) 猪肚350克, 红尖椒段60克

(调料) 葱花、姜片、豆豉、蚝油、白糖、盐各适量

(做法)

1. 猪肚洗净, 放入锅中, 加入葱花、姜片, 旺火煮至猪肚软烂, 捞出。

2. 猪肚切成长条块, 装入碗中, 放入红尖椒段, 加入盐、白糖、蚝油、豆豉调味, 放入蒸锅蒸熟即可。

(提示) 烹调猪肚时注意不能先放盐, 否则猪肚就会紧缩, 口感变差。

(原料) 熟猪皮300克, 干辣椒、青杭椒各50克

(调料) 姜片、辣椒酱、胡椒粉、花椒粉、植物油、醋、料酒、盐各适量

(做法)

1. 熟猪皮洗净, 切粗丝; 青杭椒洗净, 斜切成丝; 干辣椒洗净, 切成段。

2. 锅入油烧热, 下入切好的姜片、料酒、辣椒酱、干辣椒段、青杭椒丝爆香, 放入猪皮丝、盐、胡椒粉、花椒粉调味, 滴入少许醋, 翻炒均匀, 出锅即可。

干煸牛肉丝 牛肉

原料 牛肉300克，芹菜200克，青蒜50克

调料 姜丝、豆瓣、花椒粉、花生油、绍酒、白糖、盐、熟白芝麻各适量

做法

1. 牛肉洗净，切细丝；芹菜择洗干净，切长段；青蒜洗净，切段。

2. 油锅烧热，放入牛肉丝炒散，加入盐、绍酒、姜丝煸炒至牛肉水分将干，呈现深红色时，下入豆瓣炒散，待肉丝煸酥时，放入芹菜段、青蒜段、白糖炒熟，倒入盘中，撒花椒粉、熟白芝麻即可。

特点 色泽红绿，香酥爽口。

香芹牛肉丝 牛肉

原料 牛肉200克，香芹100克，干辣椒段10克

调料 蒜丝、姜丝、生粉、胡椒粉、植物油、酱油、盐各适量

做法

1. 牛肉洗净，切成细丝，加入胡椒粉、生粉拌匀；香芹洗净，切段。

2. 锅入油烧热，倒入腌好的牛肉丝滑油至断生，捞出。

3. 锅留底油烧热，放入姜丝、干辣椒段爆香，倒入过好油的牛肉丝，加入盐、酱油炒匀，再加入香芹段、蒜丝翻炒均匀，装盘即可。

皮蛋牛肉粒 牛肉

原料 牛肉300克，皮蛋1个，洋葱、青椒、红椒、熟花生米各50克

调料 盐、酱油、豆豉各适量

做法

1. 皮蛋去壳洗净，切成小粒；洋葱、青椒、红椒、牛肉分别洗净，切成小丁。

2. 锅入油烧热，下入青椒丁、红椒丁炒香，放入皮蛋粒、牛肉丁、熟花生米炒香，再放入盐、酱油、豆豉调味，翻炒均匀，装盘即可。

泡椒牛肉丝

（原料）牛肉300克，泡椒、芹菜各100克

（调料）姜丝、植物油、酱油、盐各适量

（做法）

1. 牛肉洗净，切粗丝，加入酱油、盐上浆；泡椒洗净，切丝；芹菜洗净，切丝。

2. 锅入油烧热，下入牛肉丝滑油，取出。

3. 锅留底油，下入姜丝、泡椒丝爆香，放入芹菜丝、牛肉丝炒匀，放入酱油、盐调味即可。

（提示）第一次滑炒牛肉时间不要过久，变色即可盛出，因为后面还要回锅调味。

葱煸牛肉

牛肉炒芦笋

（原料）牛肉400克

（调料）葱段、姜末、蒜末、香菜段、植物油、香油、酱油、料酒、盐、白糖各适量

（做法）

1. 牛肉去筋洗净，切成薄片，加入酱油、盐、白糖、姜末、蒜末、料酒、香油拌匀浆好。

2. 锅入油烧热，放入浆好的肉片，煸炒至发白时，放入葱段，煸炒至肉片成熟，沥去锅内汤汁，继续炒至肉片、葱段稍干，加入香菜段，再煸炒几下，淋香油，装盘即可。

（原料）牛肉200克，芦笋200克

（调料）姜丝、淀粉、辣椒末、植物油、生抽、料酒、盐各适量

（做法）

1. 牛肉洗净，切丝，加入盐、淀粉上浆，放入四成热的油锅中滑熟，捞出沥油。

2. 芦笋洗净，去老皮，切条焯水。

3. 锅入油烧热，放入姜丝爆香，烹入料酒，放入牛肉丝、芦笋条，加入生抽、盐炒匀，撒上辣椒末，出锅装盘即可。

蚝油牛肉

原料 牛肉300克，鸡蛋清20克，青椒、红椒各50克

调料 葱段、姜片、蒜末、淀粉、上汤、胡椒粉、植物油、香油、蚝油、酱油、白糖、盐各适量

做法

1. 牛肉洗净，切成片，加入胡椒粉、盐、酱油、蚝油、白糖、上汤、植物油搅匀，倒入鸡蛋清、淀粉上浆腌渍；青、红椒洗净，切片。

2. 胡椒粉、酱油、蚝油、白糖、上汤、香油、淀粉装入碗中，调匀成味汁。

3. 油烧至六成热，下入牛肉片滑散，捞出。

4. 另起油锅，下入葱段、姜片、蒜末爆锅，加入牛肉片，青、红椒片炒熟，倒入味汁炒匀，装盘即可。

小炒黄牛肉

原料 黄牛肉200克，小米辣椒、芹菜各25克，鸡蛋清20克

调料 蒜末、嫩肉粉、泡椒水、水淀粉、植物油、香油、酱油、盐各适量

做法

1. 黄牛肉洗净，去筋膜，切成片，加入酱油、盐、鸡蛋清、嫩肉粉、水淀粉挂糊上浆。

2. 小米辣椒、芹菜分别洗净，切成粒。

3. 锅入油烧热，下入牛肉片炒至八成熟，出锅装入碗中。

4. 锅留底油烧热，下入蒜末、小米辣椒粒、芹菜粒炒香，倒入泡椒水，放入牛肉片，加入盐翻炒均匀，淋香油，装盘即可。

彩椒烧仔盖

原料 牛仔盖肉300克，彩椒50克，鸡蛋清20克

调料 葱末、姜末、老汤、水淀粉、植物油、香油、蚝油、盐各适量

做法

1. 牛仔盖肉洗净，切成薄片，用鸡蛋清抓拌，再放入水淀粉上浆；彩椒洗净，切片，放入沸水锅中焯透，捞出。

2. 锅入油烧热，放入牛肉片滑熟，捞出沥油。

3. 锅留底油烧热，下入葱末、姜末炒香，再放入肉片、彩椒片炒匀，加入盐、蚝油、老汤翻炒均匀，加水淀粉勾芡，淋香油，出锅即可。

菠萝牛肉 · 牛肉

原料 嫩牛肉250克，水发木耳、菠萝各100克

调料 淀粉、植物油、酱油、料酒、白糖、盐各适量

做法

1. 牛肉洗净，切片，用料酒、酱油、白糖、淀粉腌渍片刻；水发木耳洗净，撕片。

2. 菠萝放入淡盐水中浸泡片刻，取出，切成片。

3. 锅入油烧热，放入牛肉片爆炒，再加入菠萝片、水发木耳翻炒，加入酱油、淀粉、盐调味，待肉片吸干汁汁后，装盘即可。

提示 菠萝放入锅中不宜炒太久，不然牛肉会又老又韧，菠萝也会发酸。

麻辣牛肉干 · 牛肉

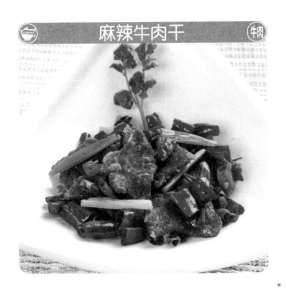

仔姜牛肉 · 牛肉

原料 牛肉500克，干红辣椒30克，青蒜50克

调料 葱段、姜末、孜然粉、花椒粉、胡椒粉、辣椒粉、淀粉、油、酱油、料酒、白糖、盐各适量

做法

1. 牛肉洗净，切片，放入盐、孜然粉、花椒粉、胡椒粉、白糖、辣椒粉、姜末、酱油、料酒，搅拌至味道渗透入肉片中，用淀粉拌匀；干辣椒洗净，切段；青蒜洗净，切段。

2. 锅入油烧热，放入牛肉片炸干，捞出沥油。

3. 炒锅置火上，投入干红辣椒段、葱段、青蒜段、爆香，放入牛肉片炒匀，出锅装盘即可。

原料 仔姜50克，牛肉300克，红辣椒30克

调料 酱油、盐各适量

做法

1. 仔姜洗净，切片；牛肉洗净，切片；红辣椒洗净，切段。

2. 锅入油烧热，下入红辣椒段炒香，放入牛肉片翻炒至发白，再加入仔姜片炒匀，加入盐、酱油炒匀调味，起锅装盘即可。

提示 仔姜先不放油煸炒，能让仔姜的香味更浓。

农家大片牛肉 牛肉

原料 牛肉300克，泡水粉丝100克，熟白芝麻10克

调料 葱末、姜丝、辣椒碎、淀粉、植物油、酱油、盐各适量

做法

1. 牛肉洗净，切薄片，加入盐、淀粉上浆，放入热油锅中滑熟，捞出。

2. 锅入油烧热，放入姜丝、辣椒碎爆香，加入牛肉片，放入适量水，加入盐、酱油调味。

3. 把粉丝放入调好味的牛肉中，烧至入味，出锅撒上葱末、熟白芝麻即可。

私房烧牛肉 牛肉

原料 牛肉300克，海带片、黄豆芽各100克

调料 葱花、花椒、八角、茴香、水淀粉、植物油、香油、酱油、绍酒、白糖、盐各适量

做法

1. 牛肉洗净，切块，放入热油锅中炸至变色，捞出备用。

2. 锅留底油烧热，下入葱花、花椒、八角、茴香炝锅，烹入绍酒，加入酱油、白糖、盐、清水烧沸，放入牛肉块略熟，盖上盖子，转微火炖至八成熟，放入黄豆芽、海带片，烧至牛肉块熟烂，捡去花椒、八角，加入盐调味，加入水淀粉勾芡，淋香油，装盘即可。

红烧牛肉 牛肉

原料 牛肉500克，青蒜100克

调料 葱段、花椒、八角、鲜汤、豆瓣酱、植物油、白糖、盐各适量

做法

1. 牛肉洗净，切成块；花椒、八角用纱布包好成香料包；青蒜洗净，切段。

2. 锅入油烧热，放入豆瓣酱炒至呈红色，加入鲜汤、牛肉块、香料包、盐、白糖烧开，撇去浮沫，改小火烧至牛肉块成熟，放入葱段、青蒜、盐烧至汁浓肉烂，取出香料包，装盘即可。

原料 牛肉300克，水发海参100克

调料 葱段、鸡汤、胡椒粉、水淀粉、花生油、香油、酱油、料酒、盐各适量

海参烧牛肉 牛肉

做法

1. 牛肉洗净，切片，加入盐、料酒腌渍入味，加水淀粉调匀上浆；海参洗净，片成大薄片。

2. 锅中加入花生油烧至五成热，下入牛肉片炸熟，捞出沥油。

3. 锅留少许油烧热，下入葱段炒出香味，烹入料酒，加入鸡汤、海参片、牛肉片烧开，加入盐、酱油、胡椒粉烧至入味，用水淀粉勾芡，淋香油，装盘即可。

金针银丝煮肥牛 牛肉

虎皮杭椒浸肥牛 牛肉

原料 肥牛肉片200克，金针菇、粉丝各100克

调料 葱花、蒜末、辣酱、辣椒碎、泡椒、泡椒水、植物油、生抽各适量

做法

1. 金针菇去尾部，洗净，切段焯熟；粉丝煮好，捞出盛入器皿；锅置火上，放入清水煮沸，将牛肉下锅涮几下，去除血沫，捞出。

2. 锅入油烧热，下入葱花爆香，倒入蒜末、辣酱翻炒，再放入泡椒、泡椒水、生抽，继续翻炒，放入肥牛肉片、粉丝，倒入清水煮开，把煮好的牛肉片盛入金针菇中，撒上辣椒碎、葱花，浇上热油即可。

原料 肥牛肉片200克，杭椒300克，金针菇、豆腐皮各100克

调料 葱段、姜片、胡椒粉、植物油、香油、酱油、生抽、盐各适量

做法

1. 肥牛肉片洗净，氽水；杭椒洗净，切片；金针菇、豆腐皮分别洗净。

2. 锅入油烧热，放入杭椒片煸炒，加入酱油，烧至杭椒片微黄变软，取出装盘。

3. 锅入适量清水，加入葱段、姜片、生抽、盐、胡椒粉烧开，放入金针菇、豆腐皮、肥牛肉片烧熟，捞出放在杭椒上，淋香油即可。

果汁牛柳 牛肉

原料 牛肉300克，熟松仁20克，彩椒、菠萝肉各50克，鸡蛋一个

调料 番茄酱、柠檬汁、吉士粉、团粉、面粉、生粉、植物油、香油、料酒、白糖、盐各适量

做法

1. 牛肉洗净，去筋膜，切条，加鸡蛋、水、团粉、面粉、盐浆好；彩椒洗净，切片；菠萝洗净，切片，用淡盐水浸泡。

2. 锅入油烧热，放入牛肉条过油，转微火炖一会儿，再转旺火炸熟，捞出沥油。

3. 油锅烧热，放入番茄酱、料酒、柠檬汁、水、盐、白糖、吉士粉、生粉烧至浓稠，放入牛肉条、彩椒片、菠萝片、熟松仁炒匀，淋香油即可。

花生牛排 牛肉

原料 牛肉300克，熟花生米15克，鸡蛋1个

调料 淀粉、油、料酒、盐各适量

做法

1. 牛肉洗净，切片，拍成饼状，加入盐、料酒腌渍入味，备用。

2. 花生米去皮，碾成细末；鸡蛋磕入碗中，加入淀粉调成蛋糊。

3. 将牛肉片裹匀蛋糊，撒上花生碎，放入油锅中炸至呈金黄色，捞出，改刀成块，装盘即可。

酥炸牛肉 牛肉

原料 牛肉400克，鸡蛋1个

调料 葱花、姜片、桂皮、八角、花椒、淀粉、植物油、酱油、料酒、白糖、盐各适量

做法

1. 牛肉洗净，切块，汆水。

2. 砂锅中加入清水，放入牛肉块、姜片、葱花、桂皮、八角、花椒、料酒、白糖、酱油、盐，旺火烧沸，再用小火焖酥，旺火收干卤汁，凉凉，捞出；鸡蛋、淀粉、清水调成蛋糊。

3. 锅入油烧至六成热，将牛肉块挂蛋糊，放入热油锅中炸至呈金黄色，捞出装盘即可。

原料 五香卤牛肉300克，面粉100克，鸡蛋2个

调料 胡椒面、花椒粉、植物油、盐各适量

做法

1. 五香卤牛肉洗净，切成厚片，备用。

2. 面粉中加入鸡蛋、清水调成稀蛋糊，放入牛肉片裹匀。

3. 将盐、胡椒面、花椒粉调匀成椒盐。

4. 锅入油烧至七成热，放入裹匀的牛肉片炸至呈金黄色，捞出沥油，摆入盘中，撒上调好的椒盐即可。

特点 肉质酥香，脆嫩可口。

脆皮酱牛肉

牛肉山芹丸

锅烧牛肉

原料 牛肉400克，山芹200克

调料 葱花、姜末、蒜末、花椒、油、香油、绍酒、白糖各适量

做法

1. 牛肉洗净，剁成馅；山芹洗净，切碎。

2. 将牛肉馅、山芹碎装入碗中，加入姜末、葱花、蒜末、花椒、白糖、绍酒、香油搅匀成肉馅；将肉馅挤成丸子。

3. 锅入油烧至八成热，下入挤好的肉丸子炸熟，捞出装盘即可。

特点 丸味香滑，鲜嫩松脆。

原料 牛肉750克，鸡蛋2个

调料 葱花、姜末、淀粉、花椒、八角、桂皮、丁香、花生油、料酒、盐各适量

做法

1. 牛肉洗净，切片，加入料酒、花椒、盐拌匀，装入容器中，加入葱花、姜末、桂皮、八角、丁香拌匀，上蒸笼蒸熟，取出凉凉。

2. 鸡蛋磕入碗中，加入淀粉调成全蛋糊，抹在蒸制好的牛肉上。

3. 锅入油烧热，下入牛肉片炸至呈金黄色，捞出沥油，切成长条，码入盘中即可。

铁锅黑笋小牛肉 牛肉

原料 牛肉300克，水发黑笋、洋葱各100克

调料 蒜段、姜片、香叶、草果、八角、辣椒酱、豆瓣酱、排骨酱、川椒、植物油、啤酒、白糖各适量

做法

1. 牛肉洗净，切小块，氽水捞出；水发黑笋洗净，切成块；洋葱去皮洗净，切丁。

2. 锅入油烧热，放入蒜段、姜片、香叶、草果、八角煸炒，下入豆瓣酱、排骨酱、川椒小火煸炒出味，下入啤酒、辣椒酱、白糖调味，放入牛肉块、水发黑笋块翻炒，装入高压锅中煮熟。

3. 铁锅上火加热，放入洋葱丁垫底，最后将压好的牛肉块、黑笋块放在洋葱上即可。

咖喱土豆焖牛肉 牛肉

原料 牛肉、土豆各200克，菠菜、洋葱各20克，干辣椒10克

调料 葱末、姜片、咖喱、淀粉、植物油、生抽、料酒、白糖、盐各适量

做法

1. 土豆去皮洗净，切小块；牛肉洗净，切块，用生抽、白糖、料酒、淀粉拌匀腌渍；菠菜、洋葱分别洗净，切碎；干辣椒洗净，切丁。

2. 锅入油烧热，放入干辣椒丁、洋葱碎、葱末、姜片炒香，放入牛肉块翻炒，再放入土豆块炒匀，加入沸水、生抽、白糖、盐，盖上锅盖，中火焖煮至土豆块熟透，加入咖喱，待咖喱完全溶化，加入菠菜叶炒匀，出锅装盘即可。

三湘泡焖牛肉 牛肉

原料 牛瘦肉400克，泡菜丁、泡姜丁、泡辣椒丁各30克，鸡蛋1个

调料 葱花、姜片、蒜末、鲜汤、水淀粉、牛肉酱、胡椒粉、野山椒汁、植物油、香油、红油、酱油、白糖、料酒、盐各适量

做法

1. 牛肉洗净，切片，用葱花、姜片、料酒腌渍片刻，加入盐、蛋清、水淀粉、酱油、野山椒汁抓匀上浆，放入油锅中滑熟，捞出。

2. 锅留底油烧热，下入蒜末炒香，放入泡菜丁、泡姜丁、泡辣椒丁煸炒，再放入盐、白糖、牛肉酱炒匀，倒入鲜汤烧开，放入牛肉片焖至汤浓，淋红油、香油，撒上葱花、胡椒粉即可。

原料 熟牛腩肉500克

调料 葱花、蒜片、姜末、水淀粉、植物油、花椒油、酱油、料酒、白糖、盐各适量

做法

1. 熟牛腩洗净，切成长条，下入沸水锅中焯透，捞出沥干，码入盘中。

2. 锅入油烧热，放入葱花、姜末、蒜片炝锅，烹入料酒，加入酱油、白糖、盐调匀，加入适量水烧开，下入牛肉条扒至酥烂，待汤汁浓稠时，加入水淀粉勾芡，淋花椒油，炒匀即可。

扒牛肉条 牛肉

竹笋烧牛腩 牛肉

蒜烧牛腩 牛肉

原料 牛腩400克，竹笋200克

调料 葱末、姜末、豆瓣辣酱、水淀粉、高汤、花生油、料酒、白糖、盐各适量

做法

1. 牛腩洗净，切块；竹笋洗净，切段。

2. 锅中加少许油烧热，下入牛腩块小火煸炒至水分稍干，放入豆瓣辣酱、料酒、姜末、葱末炒香，加入高汤，旺火烧沸，撇去浮沫，改用小火煨。

3. 放入竹笋段继续炖煮，待牛腩熟烂时，加入白糖、盐，用水淀粉勾芡，装盘即可。

原料 牛腩300克，洋葱100克，红尖椒1个

调料 蒜瓣、胡椒粉、水淀粉、植物油、酱油、料酒、白糖、盐各适量

做法

1. 牛腩洗净，切丁，加入盐、水淀粉腌拌上浆；洋葱去皮洗净，切丁；红尖椒洗净，切段。

2. 锅入油烧热，下入牛腩丁旺火煸至八成熟，捞出沥干。

3. 锅中留底油烧热，下入蒜瓣小火炸透，放入洋葱丁、红尖椒段、牛腩丁爆炒片刻，烹入料酒，加入盐、酱油、白糖、胡椒粉，烧至入味，用水淀粉勾芡，出锅即可。

笋炒百叶 牛肉

原料 牛百叶300克，竹笋50克

调料 香菜段、葱丝、姜丝、植物油、酱油、绍酒、盐各适量

做法

1. 牛百叶洗净，切成宽条，放入热油锅中爆脆；竹笋洗净，切片。

2. 锅入油烧热，下入葱丝、姜丝爆香，放入牛百叶条、竹笋片、香菜段，放入酱油、绍酒、盐，翻炒均匀，出锅即可。

热炒百叶 牛肉

原料 牛百叶300克，松子仁、熟白芝麻各20克

调料 香菜段、葱丝、辣椒面、胡椒粉、植物油、香油、白糖、盐各适量

做法

1. 牛百叶用热水稍烫，刮去黑皮，洗净切成丝。

2. 锅入油烧热，下入葱丝、香菜段炒香，放入松子仁、熟白芝麻、盐、白糖、辣椒面、香油、胡椒粉炒熟，装盘即可。

圆白菜炒牛百叶 牛肉

原料 牛百叶300克，酸圆白菜丝100克，辣椒丝20克

调料 植物油、香油、红油、盐各适量

做法

1. 牛百叶洗净，切成细丝；酸圆白菜丝洗净。

2. 锅入油烧至八成热，下入牛百叶丝爆炒，加入盐，炒入味后出锅。

3. 锅留底油烧热，下入酸圆白菜丝、辣椒丝，加入盐拌炒，再放入牛百叶丝翻炒，淋红油、香油，出锅即可。

野菜牛百叶 牛肉

原料 牛百叶400克，野菜100克，干辣椒20克

调料 葱段、姜片、豆豉、水淀粉、植物油、盐各适量

做法

1. 牛百叶洗净，放入沸水中略烫，捞出沥干；野菜洗净，放入沸水略烫；干辣椒洗净，切段。

2. 锅入油烧热，放入姜片、葱段、豆豉炒香，下入牛百叶、野菜，加入盐调味，用水淀粉勾芡，炒熟即可。

茶树菇炒牛肚

(原料) 熟牛肚、茶树菇各200克，青、红椒条各50克

(调料) 葱段、姜片、蒜片、辣椒酱、辣椒油、生抽、白糖、盐各适量

(做法)

1. 茶树菇洗净，切段，放入油锅中余炸至金黄色，捞出；熟牛肚洗净切条，余水，冲凉沥水。

2. 锅入油烧热，放入葱段、姜片、蒜片、辣椒酱爆香，放入牛肚条、茶树菇、青红椒条翻炒，再放入生抽、盐、白糖炒匀，淋辣椒油即可。

白辣椒炒脆牛肚

(原料) 熟牛肚400克，白辣椒100克，红尖椒50克

(调料) 葱粒、姜粒、蒜粒、植物油、生抽、白糖、盐各适量

(做法)

1. 熟牛肚洗净，切条，余水，冲凉沥水；白辣椒洗净，切条；红尖椒洗净，切圈。

2. 锅入油烧热，放入葱粒、姜粒、蒜粒爆香，放入牛肚条、红尖椒圈，加入盐、生抽、白糖翻炒均匀，最后放入白辣椒条，炒熟即可。

金针菇炒牛肚

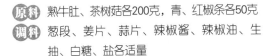

(原料) 牛肚300克，金针菇100克，胡萝卜50克

(调料) 植物油、酱油、盐、香菜段各适量

(做法)

1. 牛肚洗净，切丝；金针菇除去根部，洗净；胡萝卜洗净，切丝。

2. 锅入油烧热，下入牛肚丝翻炒，放入金针菇、胡萝卜丝炒熟，加入盐、酱油调味，撒香菜段，盛出装盘即可。

豆豉牛肚

(原料) 牛肚400克，红尖椒20克，豆豉25克

(调料) 葱丝、姜块、植物油、豆豉、红油、酱油、料酒、白糖、盐各适量

(做法)

1. 牛肚洗净。红尖椒洗净，切丝。

2. 锅入清水烧沸，放入牛肚、料酒、葱丝、姜块稍煮，捞出切片，装入盘中。

3. 锅入油烧热，放入豆豉、盐、白糖、酱油、红油炒匀，淋在牛肚上，撒上红尖椒丝即可。

炒牛肚丝　牛肉

原料 牛肚750克，黄瓜150克，干辣椒丝20克

调料 葱段、姜丝、蒜片、八角、花椒、植物油、香油、醋、料酒、盐各适量

做法

1. 牛肚撕去肚油，洗净；黄瓜洗净，切丝。

2. 锅中放入清水，加入牛肚、八角、花椒、姜丝、葱段、蒜片，先用旺火烧开，再改用小火煨烂，捞出冲凉，切细丝。

3. 锅入油烧热，下入葱段、姜丝、干辣椒丝炸香，放入牛肚丝，烹入料酒，放入盐、醋，再放入蒜片、黄瓜丝，快速翻炒几下，淋香油即可。

湘辣牛筋　牛肉

原料 牛筋600克，红尖椒20克

调料 葱段、蒜片、番茄酱、辣椒末、植物油、香油、料酒、水淀粉、白糖、盐各适量

做法

1. 牛筋洗净，放入沸水锅中氽烫，捞出切块；红尖椒洗净，切段。

2. 锅入油烧热，放入葱段、红尖椒段、蒜片爆香，再放入牛筋块、白糖、料酒、番茄酱、盐、水，用小火焖煮。

3. 待牛筋块熟透，拣出葱段、蒜片，撒上辣椒末，用水淀粉勾芡，淋香油，装盘即可。

特点 色泽红润，辣爽可口。

扒烧牛蹄筋　牛肉

原料 牛蹄筋400克，火腿、冬笋各100克，水发冬菇50克

调料 葱段、姜片、鸡汤、水淀粉、熟鸡油、熟猪油、酱油、绍酒、白糖、盐各适量

做法

1. 牛筋洗净，放入沸水锅中煮至熟烂，切厚片；火腿切片；冬笋、水发冬菇分别洗净，切片。

2. 锅入熟猪油烧热，下入葱段、姜片爆香，放入火腿片、冬菇片、冬笋片略炒，再放入牛蹄筋片，加入绍酒、酱油、盐、白糖、鸡汤烧沸，转小火烧至蹄筋入味，用水淀粉勾芡，淋上熟鸡油，装盘即可。

美味羊柳

（原料）羊里脊肉300克，青蒜、胡萝卜各30克，鸡蛋1个

（调料）蒜末、玉米粉、苏打粉、水淀粉、胡椒粉、植物油、酱油、料酒、盐各适量

（做法）

1. 羊里脊肉洗净，切成条，加入苏打粉、鸡蛋、盐、酱油、玉米粉搅拌均匀；胡萝卜、青蒜分别洗净，切丝。

2. 锅入油烧热，放入羊肉条炸至五分熟，待羊肉表皮变干时，捞出沥油。

3. 锅中留油烧热，放入胡萝卜丝、青蒜丝、蒜末爆香，再放入羊肉条，加入酱油、料酒、胡椒粉、水淀粉，炒匀即可。

滑炒羊肉

（原料）羊里脊肉150克，鸡蛋清20克，黄瓜片、白萝卜、胡萝卜条各50克

（调料）葱末、蒜片、牛奶、淀粉、植物油、香油、盐各适量

（做法）

1. 羊里脊肉去筋膜，洗净切片，放入牛奶中浸泡，加淀粉、蛋清上浆；白萝卜去皮，洗净切片。

2. 锅入油烧热，放入羊肉片滑熟，捞出沥油。

3. 锅中留适量油烧热，放入葱末、蒜片略炒，加入羊肉片、黄瓜片、胡萝卜片、白萝卜片、盐翻炒均匀，待羊肉片炒熟时，淋香油，出锅即可。

生炒羊肉片

（原料）羊里脊肉400克，红尖椒、绿尖椒各20克

（调料）香菜、姜片、蒜末、白胡椒粉、水淀粉、豆瓣酱、植物油、绍酒、盐各适量

（做法）

1. 羊里脊肉洗净，切成厚片；红尖椒、青尖椒分别洗净，切片；香菜择洗干净，切段。

2. 锅入油烧热，放入姜片、蒜末、豆瓣酱煸炒出香味，再入羊肉片，调入绍酒，爆炒至羊肉片九成熟，放入红尖椒片、青尖椒片、香菜段炒匀，调入白胡椒粉、盐炒至入味，用水淀粉勾芡，装盘即可。

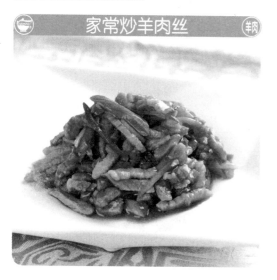

家常炒羊肉丝

原料 羊肉200克，干辣椒20克

调料 葱花、姜丝、蒜丝、胡椒粉、花椒水、植物油、香油、酱油、料酒、盐各适量

做法

1. 羊肉洗净，切成丝，加入花椒水、胡椒粉拌匀；干辣椒洗净，切丝。

2. 锅入油烧热，放入干辣椒丝煸香，放入羊肉丝翻炒，煸至肉丝呈深黄色时，加入葱花、姜丝、蒜丝炒匀，加入料酒、酱油、盐调味，淋香油，出锅装盘即可。

特点 口感脆嫩，开胃可口。

辣子羊肉

原料 羊肉200克，青红椒丁、冬笋丁各50克

调料 葱丝、姜丝、蒜末、辣椒酱、鸡蛋清、淀粉、花生油、香油、酱油、料酒、白糖各适量

做法

1. 羊肉洗净去筋，切成小丁，羊肉丁加入鸡蛋清、淀粉、辣椒酱拌匀浆好。

2. 锅入油烧热，放入羊肉丁滑透，投入冬笋丁、青红椒丁炒匀，倒出沥油。

3. 将羊肉丁、冬笋丁、青红椒丁放入热油锅中回锅，调入料酒、酱油、白糖、葱丝、姜丝、蒜末翻炒，用水淀粉勾芡，淋香油即可。

黑胡椒炒羊肉

原料 羊肉300克，洋葱、青椒、红椒各30克

调料 蒜末、黑胡椒粉、淀粉、蚝油、香油、酱油、料酒、白糖、盐各适量

做法

1. 羊肉洗净，切片，加入酱油、淀粉、白糖、香油、黑胡椒粉、盐腌渍；洋葱去皮洗净，切丝；青椒、红椒分别洗净，切丝。

2. 锅入油烧热，下入羊肉片爆炒至八成熟，盛出。

3. 锅留余油烧热，放入蒜末爆香，放入羊肉片、洋葱丝、青椒丝、红椒丝炒匀，烹入料酒，放入蚝油、酱油、白糖、盐炒匀，用水淀粉勾芡，撒上黑胡椒粉出锅装盘即可。

原料 羊肉300克，黑芝麻20克

调料 葱花、蒜瓣、胡椒粉、辣椒面、孜然粒、五香粉、花椒、香叶、桂皮、水淀粉、植物油、蚝油、广东米酒、白糖、盐各适量

做法

1. 羊肉去筋洗净，切丁，加入花椒、香叶、桂皮、水，放入锅中煮熟，捞出凉凉，加入水淀粉、蚝油、广东米酒、盐、白糖、胡椒粉拌匀，腌渍入味。

2. 锅入油烧热，放入蒜瓣炒香，放入羊肉丁煸熟，撒上辣椒面、孜然粒、黑芝麻、五香粉调味，撒葱花，装盘即可。

铁锅羊肉

杭椒炒羊肉丝

原料 羊肉300克，芹菜150克，杭椒50克

调料 泡姜丝、香菜段、水淀粉、盐各适量

做法

1. 羊肉洗净，切丝，用水淀粉、盐腌一下；杭椒洗净，切丝；芹菜洗净，切段。

2. 锅入油烧热，下入羊肉丝滑炒，盛出沥油。

3. 锅留底油烧热，下入杭椒丝、泡姜丝、芹菜段、香菜段翻炒，放入羊肉丝炒匀，加入盐调味，炒匀装盘即可。

提示 根据个人口味，可以将肉丝用料酒、淀粉腌十分钟，口感更嫩滑。

口味羊肉

原料 羊肉500克，小米椒、青椒、洋葱各50克

调料 香菜末、蒜片、豆豉、辣椒酱、料酒、盐各适量

做法

1. 羊肉洗净，切丁，加入料酒、盐略腌，放入热油锅中滑油至熟，捞出；小米椒、青椒、洋葱分别洗净，切丁。

2. 锅入油烧热，下入蒜片、豆豉、辣椒酱、小米椒丁、青椒丁、洋葱丁爆香，加入羊肉丁翻炒，烹入料酒、盐，撒上香菜末炒匀，出锅即可。

孜然羊肉片 羊肉

原料 羊肉250克，鸡蛋清20克

调料 葱花、姜末、孜然、水淀粉、胡椒粉、植物油、酱油、黄酒、白糖、盐各适量

做法

1. 羊肉洗净，切片，加入黄酒、盐、鸡蛋清、水淀粉拌匀上浆。

2. 取一小碗，放入酱油、白糖、黄酒、胡椒粉、水淀粉、适量水，调成卤汁。

3. 炒锅置火上，倒入植物油烧热，放入羊肉片，煸炒至松散变色盛出。

4. 锅留底油烧热，放入孜然、葱花、姜末煸炒出香味，倒入羊肉片炒匀，加入卤汁调匀，翻炒几下，使卤汁裹匀肉片，装盘即可。

红烧羊肉 羊肉

原料 羊肉600克，干辣椒20克

调料 葱花、姜片、八角、水淀粉、酱油、料酒、冰糖、盐各适量

做法

1. 羊肉放入清水锅中，用中火烧开，取出洗净。

2. 锅入适量清水，加入羊肉、料酒、酱油、盐、八角、葱花、姜片，用旺火烧开，撇去浮沫，加入冰糖，用小火焖至羊肉熟烂，取出肉块。

3. 将羊肉切成方块，再放入原汁锅中，用旺火烧至味浓汁稠时，加水淀粉勾芡，装盘即可。

西式炒羊肉 羊肉

原料 羊肉500克，洋葱200克，红尖椒、干辣椒各20克

调料 葱段、蒜末、栗粉、花生油、蚝油、酱油、盐各适量

做法

1. 洋葱洗净，切丝；红尖椒去籽、蒂洗净，切成丁；羊肉洗净，切成条；干辣椒洗净，切段。

2. 将栗粉、蚝油、酱油、盐、水放入碗中，调匀成味汁。

3. 锅入油烧热，下入羊肉条炒散，取出装碗中。

4. 原锅入花生油烧热，下入洋葱丝、蒜末、葱段、红尖椒丁、干辣椒段爆香，再放入羊肉条炒匀，倒入味汁翻匀，待汤汁收浓，装盘即可。

原料 羊排500克，青尖椒、红尖椒、蒜薹各50克

调料 辣椒面、孜然粒、淀粉、植物油、白糖、盐各适量

做法

1. 羊排洗净，切块，放入高压锅中压熟；蒜薹洗净，切粒；青尖椒、红尖椒洗净，切圈。

2. 羊排沥干水分，拍上淀粉，放入七成热油锅中过油，捞出。

3. 锅入油烧热，放入青尖椒圈、红尖椒圈、羊排爆炒，加入辣椒面、孜然粒、盐、白糖调味，放入蒜薹粒炒熟，出锅装盘即可。

西域炒羊排

川香羊排

奇香羊排

原料 羊排500克，烟笋100克，青尖椒50克，熟白芝麻适量

调料 葱末、八角、桂皮、植物油、酱油、料酒、盐各适量

做法

1. 羊排洗净，剁成小块，放入汤锅中，加入水、八角、桂皮煮熟，捞出；烟笋泡发，切成条；青尖椒洗净，切段。

2. 锅入油烧热，下入尖椒段、烟笋条略炒，放入羊排，烹入料酒炒香，加入盐、酱油、葱末炒匀，撒上熟白芝麻即可。

提示 吃羊肉时，不宜喝茶，宜2~3小时后再饮茶。

原料 羊排500克，彩椒、西芹、干辣椒段各50克

调料 葱末、姜末、蒜末、老干妈酱、胡椒面、生粉、植物油、蚝油、生抽、料酒、白糖、盐各适量

做法

1. 羊排洗净，剁块，放入料酒、盐、蚝油、生粉腌渍入味；彩椒、西芹分别洗净，切成块。

2. 锅入油烧热，逐块下入羊排块，微火炸熟，再用旺火炸至呈金黄色，捞出沥油。

3. 原锅留少许底油烧热，放入葱末、姜末、蒜末、干辣椒段、老干妈酱煸香，放入料酒、盐、白糖、胡椒面、蚝油、生抽炒匀，放入炸好的羊排块、彩椒块、西芹块炒匀，装盘即可。

葱爆羊肉

原料 羊肉250克

调料 葱段、姜末、蒜末、植物油、香油、酱油、料酒、盐各适量

做法

1. 羊肉洗净，切片，放入沸水锅中汆水，捞出。

2. 锅入油烧热，放入姜末、蒜末炒香，再放入羊肉片炒熟，加入葱段、酱油、盐、料酒翻炒至熟，淋入香油，出锅装盘即可。

提示 烹调时一定要热锅热油，快速爆炒，才能保证羊肉鲜嫩多汁。

椒盐羊里脊

原料 羊肉350克，青椒、红椒、洋葱各30克，鸡蛋液20克

调料 葱末、姜末、胡椒粉、面粉、植物油、生抽、香油、酱油、料酒、盐各适量

做法

1. 青椒、红椒、洋葱分别洗净，切丁。

2. 羊肉洗净，切块，加入盐、生抽、料酒、葱末、姜末、酱油、胡椒粉、香油，腌渍片刻，裹一层面粉，再蘸匀鸡蛋液，放入热油锅中炸至变色，取出沥油。

3. 锅入油烧热，下入葱末、姜末爆香，放入洋葱丁、青椒丁、红椒丁炒匀，烹入料酒、生抽，放入羊肉块炒匀，撒上胡椒粉，出锅即可。

小米辣烧羊肉

原料 羊肉600克，小米椒丁20克

调料 葱末、姜末、蒜末、水淀粉、八角、桂皮、草果、山柰、植物油、料酒、盐各适量

做法

1. 羊肉洗净；锅中放入山柰、八角、桂皮、小米椒丁、料酒、清水，放入羊肉煮至断生，捞出，切成块。

2. 锅入油烧热，下入姜末、葱末、山柰、八角、桂皮、草果煸香，下入羊肉块，煸炒至水分收干时，烹入料酒，再加入适量清水，用小火煨至羊肉块酥烂，下入蒜末、小米椒丁，放入盐调味，用水淀粉勾芡，出锅装盘即可。

原料 羊肉350克，鸡蛋液20克，豆苗100克，洋葱丁、青椒粒、红椒粒各30克

调料 葱末、姜末、面粉、植物油、香油、酱油、胡椒粉、料酒、盐各适量

做法

1. 羊肉洗净，切片；加入盐、酱油、料酒、葱末、姜末、胡椒粉、香油，腌渍片刻。

2. 将腌渍好的羊肉裹一层面粉，再蘸匀鸡蛋液，放入热油锅中炸至变色，捞出沥油。

3. 锅中留底油烧热，下入葱末、姜末、洋葱丁、青红椒粒爆香，加入料酒、盐、胡椒粉和少许水，放入羊肉片炒匀，淋上香油，出锅浇在豆苗上即可。

锅烧羊里脊

牙签羊肉

手抓羊肉

原料 羊肉400克，鸡蛋1个，熟白芝麻10克

调料 孜然、淀粉、黑胡椒粉、辣椒粉、植物油、盐各适量

做法

1. 羊肉洗净，去除筋膜，切成小块，用孜然、熟白芝麻、黑胡椒粉、盐、辣椒粉、鸡蛋液抓匀，腌渍入味，再放入淀粉搅拌均匀，用牙签串起来，备用。

2. 锅内油烧热，下入串好的羊肉块炸熟，捞出沥油，撒上孜然即可。

原料 带骨羊肉1500克，葱100克

调料 黑胡椒粉、花椒、香叶、草果、枸杞、绍酒、盐各适量

做法

1. 带骨羊肉剁成大块，冲洗干净，下入沸水锅中，加入绍酒焯一下，捞出，控净血水。

2. 葱洗净，切段。花椒、香叶、黑胡椒粉、草果用纱布包成料包。

3. 净汤锅置旺火上，放入葱段、枸杞、料包、绍酒、盐、羊肉块，烧开后转小火煮至羊肉熟烂，将羊肉块捞出，装盘即可。

红焖羊排

原料 羊排1000克、干辣椒20克

调料 葱末、姜末、蒜片、八角、花椒、山柰、香叶、桂皮、水淀粉、胡椒粉、植物油、香油、酱油、白糖各适量

做法

1. 羊排洗净，剁成段，用流水冲洗，捞出沥干；干辣椒洗净，切段。

2. 锅入油烧热，下入葱末、姜末炒香，放入羊排段，加入酱油煸炒5分钟，加入适量清水，放入八角、花椒、山柰、香叶、桂皮、白糖、胡椒粉、蒜片，小火煨烧，待汤汁浓稠时，用水淀粉勾芡，淋入香油，装盘即可。

口蘑蒸羊肉

原料 羊肉300克，口蘑片100克，娃娃菜段50克，紫苏叶20克

调料 黑胡椒粉、香油、酱油、白糖、盐各适量

做法

1. 羊肉洗净，切片，加入酱油、白糖、盐、黑胡椒粉、紫苏叶、香油拌匀腌10分钟。

2. 将娃娃菜铺在盘底，放入腌渍好的羊肉片、口蘑片，放入蒸锅中蒸熟即可。

提示 羊肉为高蛋白食物，以铜器烹煮时，会产生有毒物质，危害健康，因此最好不用铜锅烹制羊肉。

芫爆羊肚

原料 熟羊肚300克，香菜50克

调料 葱末、姜末、蒜片、胡椒粉、绍酒、花生油、香油、盐各适量

做法

1. 熟羊肚洗净，切成细丝；香菜洗净，切段。

2. 将盐、绍酒、胡椒粉调成味汁。

3. 锅入油烧热，放入葱末、姜末、蒜片爆香，加入羊肚丝、香菜段，烹入调好的味汁，旺火快速翻炒，待羊肚丝炒熟时，淋上香油即可。

功效 补虚健胃，治虚劳不足、手足烦热。

姜丝炒兔丝

（原料）兔肉300克，姜丝100克，干辣椒丝、鸡蛋清各20克

（调料）胡椒粉、猪油、淀粉、料酒、盐各适量

（做法）

1. 兔肉洗净，切成细丝，加入盐、料酒、淀粉、鸡蛋清上浆。

2. 锅入油烧热，放入兔肉丝滑熟，捞出沥油。

3. 另起锅入油烧热，下入姜丝、干辣椒丝爆香，放入兔丝翻炒，加入盐、胡椒粉，勾芡，翻炒均匀，出锅即可。

（特点）色泽艳丽，润滑鲜嫩。

蘑菇兔肉

（原料）兔肉200克，蘑菇150克

（调料）葱花、胡椒粉、水淀粉、植物油、酱油、料酒、盐各适量

（做法）

1. 兔肉洗净，切成细丝，加入盐、料酒、水淀粉抓匀上浆。

2. 锅入油烧热，下入兔肉丝炒散，捞出控油；蘑菇用沸水焯烫，撕成小片。

3. 另起锅入油烧热，放入蘑菇片煸炒，加入料酒、酱油，加入盐、胡椒粉、兔肉丝炒匀，用水淀粉勾芡，撒上葱花，出锅即可。

酸辣兔肉丁

（原料）净兔肉300克，红尖椒20克，水发香菇块50克

（调料）葱粒、胡椒粉、水淀粉、辣椒油、食用油、熏醋、酱油、料酒、盐各适量

（做法）

1. 兔肉洗净，切丁，加入盐、胡椒粉入味，放入水淀粉上浆；红尖椒洗净，切段。

2. 锅入油烧热，下入兔肉丁滑熟，倒入漏勺。

3. 另起锅入油烧热，下入香菇块、红尖椒段煸炒，倒入少许清水，加入料酒、酱油调味，下入兔肉丁、熏醋、盐、葱粒炒匀，用水淀粉勾芡，淋入辣椒油，炒匀出锅即可。

胡萝卜兔丁

原料 兔肉200克，胡萝卜、黄瓜各150克

调料 植物油、酱油、料酒、盐各适量

做法

1. 兔肉、胡萝卜、黄瓜分别洗净，切丁。

2. 锅入油烧热，下入兔肉丁，滑散至断生，加入盐、胡萝卜丁、黄瓜丁炒匀，烹入料酒、酱油，翻炒至熟，出锅装盘即可。

特点 肉嫩味鲜，色泽艳丽。

青豆烧兔肉

原料 兔肉200克，青豆150克，胡萝卜50克

调料 葱花、盐、鲜汤各适量

做法

1. 兔肉洗净，切成大块，放入沸水锅中汆去血水，捞出；胡萝卜洗净，切丁，青豆洗净。

2. 锅入油烧热，放入兔肉块、青豆、胡萝卜丁，加鲜汤焖至熟，加葱花、盐，稍炒即可。

功效 健脾益胃，清热降压。

米酒烧兔肉

原料 兔肉500克，山药100克

调料 八角、桂皮、香叶、植物油、香油、酱油、米酒、白糖、盐、葱花、香菜段各适量

做法

1. 兔肉洗净，剁成块，用盐、酱油、植物油腌片刻；山药去皮洗净，切片。

2. 锅入油烧热，放入兔肉块炒香，待兔肉变色收缩时，烹入米酒，加入水、八角、香叶、桂皮、盐、白糖、山药片炒匀，待兔肉块炒熟时，撒葱花、香菜段炒匀，淋香油即可。

红焖兔肉

原料 兔肉1000克，马蹄500克，青蒜20克

调料 葱段、泡椒丁、腐乳、辣妹子酱、五香粉、生抽、料酒各适量

做法

1. 兔肉洗净，切块，入沸水中汆一下，捞出，沥干；马蹄去皮洗净，切末；青蒜洗净，切段。

2. 锅入油烧热，下入泡椒丁，倒入兔肉块翻炒，加入料酒、五香粉、辣妹子酱、生抽、腐乳爆炒，加入马蹄、水，旺火煮开，转中火焖至兔肉块酥烂，加入葱段，旺火收汁，装盘即可。

干炒辣子鸡 鸡肉

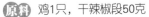

原料 鸡1只，干辣椒段50克

调料 葱段、姜片、蒜片、花椒、熟芝麻、食用油、料酒、白糖、盐各适量

做法

1. 鸡洗净，切成小块，放入盐、料酒拌匀，放入热油锅中炸至呈深黄色，捞出。

2. 锅入油烧至七成热倒入姜片、蒜片、干辣椒段、花椒炒至气味开始呛鼻；油变黄后倒入炸好的鸡块，炒至鸡块均匀地分布在辣椒中，撒入葱段、白糖、熟芝麻，炒匀即可。

观音茶香鸡 鸡肉

原料 土鸡1只，铁观音200克，青蒜50克，香菜30克

调料 植物油、白糖、盐各适量

做法

1. 鸡洗净斩件，放入油锅中炸至呈金黄色，捞出；青蒜洗净，切段；香菜择洗干净，切段。

2. 锅入油烧热，放入铁观音炸熟，捞出。

3. 另起锅入油烧热，放青蒜段、香菜段炝锅，加入白糖、盐调味，加入鸡块、铁观音翻炒均匀，出锅即可。

辣子鸡丁 鸡肉

原料 仔鸡200克，莴笋丁100克，干辣椒段25克

调料 葱段、姜片、水淀粉、蛋清、植物油、酱油、料酒、白糖、盐各适量

做法

1. 鸡肉洗净，切丁，加入酱油、料酒、盐、蛋清、水淀粉抓匀浆好，放入油锅中滑透，捞出。

2. 将盐、酱油、淀粉、白糖调成味汁。

3. 锅入油烧热，放入葱段、姜片、干辣椒段炝锅，放入鸡丁、莴笋丁，倒入味汁调匀即可。

豉油皇鸡 鸡肉

原料 鸡肉400克，丝瓜100克，辣椒、洋葱各20克

调料 豆豉、植物油、酱油、盐各适量

做法

1. 鸡肉洗净，切丁；辣椒、洋葱洗净，切丝；丝瓜去皮洗净，切段，放入沸水锅中烫熟，摆放盘中。

2. 锅入油烧热，下入辣椒丝炒香，放入鸡肉丁滑炒，加入洋葱丝炒匀，调入盐、酱油、豆豉，炒匀后倒在摆好的丝瓜上即可。

鸡肉蚕豆酥

原料 鸡肉200克，蚕豆200克，青椒、红椒各50克

调料 葱花、姜末、水淀粉、蛋清、植物油、香油、盐各适量

做法

1. 鸡肉洗净，切丁，加入水淀粉、蛋清、盐抓匀上浆；青红椒洗净，切丁；蚕豆洗净，放入沸水锅中煮熟，捞出。

2. 锅入油烧热，下入鸡肉丁炒散，放入葱花、姜末、青红椒丁、蚕豆瓣炒熟，淋香油即可。

提示 带皮的鸡肉含有较多的脂类物质，因此对于较肥的鸡应去掉鸡皮再烹制。

脆椒鸡丁

原料 鲜鸡肉500克

调料 葱段、姜片、淀粉、脆椒、植物油、花雕酒、盐各适量

做法

1. 鸡肉洗净，切丁，放入花雕酒、盐腌渍入味，拍淀粉。

2. 鸡肉丁放入六七成热油中，炸至金黄色，捞出。

3. 锅留少许油烧热，放入葱段、姜片爆香，加入脆椒、花雕酒、盐调味，放入鸡肉丁炒匀，装盘即可。

特点 干香脆爽，香辣适中。

五彩炒鸡丝

原料 鸡肉200克，冬笋丝、青椒丝、红椒丝、香菇丝各50克

调料 葱丝、姜丝、水淀粉、植物油、料酒、盐各适量

做法

1. 鸡肉洗净，切丝，加入盐、料酒、水淀粉抓匀上浆。

2. 将料酒、盐、水淀粉、水调匀成芡汁。

3. 锅入油烧热，下入鸡肉丝炒熟。

4. 锅留底油，下入葱丝、姜丝炒香，放入冬笋丝、香菇丝翻炒，再放入青红椒丝、鸡丝煸炒片刻，加入芡汁炒匀，待芡汁熟透后，出锅装盘即可。

香糟鸡丝

原料 鸡肉300克，笋丝30克

调料 香菜段、葱花、姜片、团粉、蛋清、香糟汁、植物油、料酒、白糖、盐各适量

做法

1. 鸡肉去筋膜洗净，切丝，放入蛋清、盐、团粉、水拌匀浆好。

2. 锅入油烧热，放入鸡丝滑熟，放入笋丝过油，捞出沥油。

3. 锅留底油烧热，下入葱花、姜片炝锅，放入鸡肉丝、笋丝、香菜段炒匀，加入料酒、白糖、盐、水、香糟汁，勾芡，颠炒均匀，装盘即可。

宫保鸡丁

花菇凤柳

原料 鸡胸肉200克，油酥花生仁、干辣椒各50克

调料 葱段、高汤、花椒、水淀粉、植物油、醋、酱油、料酒、白糖、盐各适量

做法

1. 鸡胸肉洗净，切丁，用盐、料酒、水淀粉拌入味；干辣椒洗净，切段。

2. 将酱油、白糖、醋、高汤、水淀粉调成味汁。

3. 锅入油烧热，下入鸡肉丁炒散，放入葱段、花椒、干辣椒段炒香，待鸡丁断生后，烹入味汁炒匀，加入油酥花生仁炒匀，装盘即可。

原料 鸡胸肉200克，花菇200克、胡萝卜1根

调料 葱末、姜末、团粉、生粉、蛋清、植物油、料酒、盐各适量

做法

1. 鸡胸肉去掉筋膜洗净，切成丝，放入小盆中，放入蛋清、盐、团粉、水搅拌均匀浆好。

2. 鸡肉丝放入油锅中滑熟，倒入漏勺控油；花菇焯水；胡萝卜洗净，切丝。

3. 锅留油烧热，下入葱末、姜末爆香，放入料酒、盐、鸡丝、胡萝卜丝、花菇炒匀，用生粉水勾芡，装盘即可。

莴笋凤凰片

原料 鸡胸肉300克，莴笋100克

调料 葱花、姜末、淀粉、胡椒粉、植物油、料酒、白糖、盐各适量

做法

1. 鸡肉洗净，切片，用淀粉、料酒抓匀；莴笋洗净，切成菱形片。

2. 锅入油烧至六成热，下入鸡片过油，待肉片变色后盛出。

3. 锅留底油烧热，下入葱花、姜末炒香，倒入莴笋片翻炒几下，再放入鸡肉片，调入盐、白糖、料酒、胡椒粉，用水淀粉勾芡，出锅装入盘中即可。

芙蓉鸡片

原料 鸡胸肉100克，豆苗25克

调料 葱段、姜片、鲜汤、水淀粉、蛋清、植物油、香油、料酒、白糖、盐各适量

做法

1. 鸡胸肉洗净，切成细蓉，加入料酒、鲜汤调匀，倒入盛有蛋清的碗中，用筷子朝一个方向搅拌成糊状，加入盐、水淀粉拌匀；豆苗洗净。

2. 锅入油烧热，下入鸡蓉糊，拖成片状，待鸡蓉片凝白浮起时，捞出。

3. 原锅留底油，加入葱段、姜片煸香味，加入鲜汤、盐、白糖，放入豆苗、鸡蓉片烧开，撇去浮沫，用水淀粉勾芡，淋香油即可。

小鸡烧蘑菇

原料 鸡肉650克，红蘑200克

调料 葱花、姜片、八角、花椒、桂皮、料酒、酱油、植物油、白糖、盐各适量

做法

1. 鸡肉洗净，切块，用葱花、姜片、料酒、酱油、盐腌渍入味；红蘑泡发，洗净。

2. 将八角、花椒、桂皮做成香料包。

3. 锅入油烧热，下入腌渍好的鸡块翻炒至变色，加入酱油、盐、白糖炒匀，放入红蘑、香料包、水，盖上锅盖，烧至鸡肉熟烂即可。

农家烧鸡

原料 土鸡肉500克，青杭椒、红杭椒各20克

调料 葱段、姜末、白芷、清汤、油、香油、酱油、料酒、盐各适量

做法

1. 土鸡肉处理干净，斩成块，洗去血污。

2. 青红椒洗净，去蒂、籽，切段。

3. 锅入油烧热，下入姜末爆香，倒入鸡块爆炒，加入白芷、清汤、酱油、料酒、盐，烧至鸡肉熟烂、汁干，放入青红椒段、葱段翻炒，淋香油，出锅即可。

提示 炒制时加入足量的清汤，味道会更鲜美。

板栗烧鸡块

原料 鸡肉500克，板栗100克，青、红椒各25克

调料 葱丝、姜丝、水淀粉、鲜汤、豆瓣酱、植物油、香油、酱油、绍酒、白糖、盐各适量

做法

1. 鸡肉洗净，剁成块，放入热油锅中炸至呈金黄色，捞出沥油。

2. 板栗去壳留肉，放入热油锅中炸香，捞出沥油；青红椒洗净，切片。

3. 锅入油烧热，下入葱丝、姜丝爆锅，加入豆瓣酱炒香，放入鸡块翻炒，烹入绍酒，加入盐、白糖、酱油、鲜汤烧沸，放入板栗肉、青红椒片烧熟，勾芡，淋香油，装盘即可。

杏仁焖鸡

原料 小公鸡750克，栗子肉、核桃仁、红枣各50克，杏仁20克

调料 葱丝、姜丝、水淀粉、芝麻酱、熟猪油、香油、酱油、料酒、白糖、盐各适量

做法

1. 鸡处理干净，剁成块；杏仁、核桃仁炸酥捞出。

2. 鸡块放入热油锅中煸至皮成黄色，加入料酒、姜丝、葱丝、白糖、酱油、盐，放入水、红枣、核桃仁烧沸，移至文火，倒入栗子肉焖烧熟透，盛入盘中。

3. 锅中放入芝麻酱拌匀，勾薄芡，淋熟猪油、香油略拌收紧芡汁，出锅浇在鸡面上，撒上杏仁末即可。

辣椒焖鸡 鸡肉

原料 土鸡1000克，青尖椒100克

调料 姜片、啤酒、植物油、盐各适量

做法

1. 土鸡处理干净，改刀成块状；青尖椒洗净，切成斜段。

2. 锅中加入油烧热，放入姜片煸香，放入鸡块猛火翻炒，加入啤酒、水，焖至脱骨，盛出。

3. 青尖椒段放入热油锅中炒香，加入鸡汤、鸡块烧沸，加入盐调味，出锅装盘即可。

提示 烹调时，可以用盐腌制一下鸡块，可以使鸡块更容易入味。

杭椒焖仔鸡 鸡肉

原料 三黄鸡400克，青、红杭椒各50克

调料 葱段、姜片、蒜片、上汤、泡椒酱、植物油、料酒、白糖、盐各适量

做法

1. 三黄鸡处理干净，切成块；青、红杭椒洗净，切小段。

2. 锅入油烧至五成热，下入泡椒酱、葱段、姜片、蒜片炒香，再下入鸡块旺火煸炒1分钟，烹入料酒，加入盐、白糖调味，淋入上汤，焖烧至鸡块熟烂，加入杭椒段，待汤汁收浓时，出锅即可。

东安鸡 鸡肉

原料 小母鸡700克，红辣椒30克

调料 姜丝、花椒、辣椒末、植物油、醋、高汤、绍酒、盐各适量

做法

1. 小母鸡洗净，放入汤锅中煮熟，捞出，切成块，鸡汤留用。

2. 红辣椒洗净，切丝。

3. 锅入油烧至八成热，下入姜丝、红辣椒丝、辣椒末炒香，再倒入鸡肉块、高汤，旺火烧开，中火焖1分钟，待汤汁快干时，倒入鸡汤、绍酒，改旺火烧开，继续焖5分钟，加入醋、盐煸炒，撒入花椒，装盘即可。

(原料) 嫩鸡600克，青尖椒、红尖椒各150克

(调料) 姜块、蒜片、香油、酱油、料酒、白糖、盐各适量

(做法)

1. 嫩鸡洗净，切块，沥干；青、红尖椒洗净切片。

2. 锅入香油烧至六成热，放入姜块煸香，倒入鸡块，放入蒜片翻炒，加入料酒、酱油、白糖、盐调味，盖上盖子，焖烧至鸡肉熟烂，下青、红尖椒炒熟，旺火收汁，装盘即可。

(特点) 色泽红润，肉嫩适口。

三杯鸡

黑椒鸡脯

锅烧鸡

(原料) 鸡胸肉500克

(调料) 蒜末、奶油、黑胡椒粉、辣酱油、料酒、盐各适量

(做法)

1. 鸡胸肉洗净，用刀背交叉拍松，再用盐、黑胡椒粉、辣酱油、料酒腌渍片刻。

2. 炒锅烧热，放入奶油烧至溶解，再放入鸡胸肉，用中火煎熟，且两面呈金黄色，盛出。

3. 放入剁碎的蒜末即可。

(提示) 煎鸡脯肉先用急火煎上色，再用慢火煨熟透，保持鸡肉外焦里嫩。

(原料) 整鸡1只，鸡蛋4个

(调料) 卤料包、花椒盐、姜汁、面粉、淀粉、油、料酒、盐各适量

(做法)

1. 整鸡处理干净，加入卤料包卤至八成熟，捞出去骨，放入平盘中，加入姜汁、料酒、盐，放入蒸锅蒸熟，取出，两面蘸面粉。

2. 鸡蛋打入碗中，加入盐、淀粉、料酒调制成鸡蛋糊。

3. 将蘸好面粉的鸡肉蘸上鸡蛋糊，逐块放入热油锅中炸至熟透，捞出控油。食用时，蘸花椒盐即可。

酥炸鸡块 （鸡肉）

原料 鸡肉500克

调料 辣椒粉、胡椒粉、鸡蛋液、淀粉、面包糠、植物油、盐各适量

做法

1. 鸡肉洗净，斩成大块，加入辣椒粉、胡椒粉、盐腌渍片刻。
2. 将鸡蛋液、淀粉调成蛋糊，放入鸡块拌匀，再滚匀面包糠。
3. 锅入油烧热，放入鸡块炸熟，取出装盘即可。

核桃炸鸡片 （鸡肉）

原料 鸡胸肉200克，核桃仁150克，鸡蛋1个，西芹段100克

调料 姜末、淀粉、花生油、料酒、盐各适量

做法

1. 鸡肉洗净，切块，加入料酒、姜末、盐拌匀腌渍；鸡蛋打成糊，加入淀粉调成浆汁，将鸡肉、核桃仁裹上浆汁。
2. 将鸡块、核桃仁放入热油锅中炸至呈金黄色，捞出，沥干油，置于盘中，配西芹段装盘即可。

腐乳茄嫩鸡 （鸡肉）

原料 鸡肉、茄子各200克，青椒、红尖椒粒各20克

调料 葱末、姜末、炸蒜片、香菜段、白腐乳、高汤、蚝油、香油、酱油、料酒、白糖、盐各适量

做法

1. 茄子去皮洗净，切条，撒入盐腌一会，挤去水分。
2. 鸡肉洗净，切条，加入白腐乳、高汤、葱末、姜末、青椒、红椒粒、酱油、蚝油、料酒、香油、白糖、盐、炸蒜片搅匀，腌渍片刻，浇在茄子上，放入蒸锅中蒸8分钟，出锅撒入香菜段即可。

重庆辣子鸡 （鸡肉）

原料 鸡腿肉500克，干红椒、川椒各20克

调料 葱花、姜末、淀粉、豆瓣、红醋、白糖、料酒、盐各适量

做法

1. 鸡腿洗净，切块，粘少许淀粉，过油炸熟。
2. 锅留底油烧热，放入川椒炒出麻香味，再放入干红椒、姜末、葱花、豆瓣煸炒，再放入鸡块，烹入料酒，加入盐、白糖煸炒，待炒出麻辣味，烹入红醋，装盘即可。

冬笋炒鸡 〔鸡肉〕

原料 鸡腿肉500克，冬笋块150克，干辣椒段20克

调料 葱末、姜片、蒜片、鸡汤、植物油、水淀粉、酱油、盐各适量

做法

1. 鸡腿肉洗净，切块，用盐、水淀粉腌渍，放入热油锅中炸至五成熟，加入冬笋块略炸，捞出。

2. 锅留底油烧热，加入酱油、鸡汤，放入鸡块，加入盐调味，待汁快熬尽时，出锅。

3. 另起锅入油烧热，放入干辣椒段、葱末、姜片、蒜片爆香，放入鸡块、冬笋块，炒匀即可。

腰果鸡丁 〔鸡肉〕

原料 鸡腿肉400克，腰果、青杭椒各30克

调料 淀粉、蛋清、辣椒末、辣椒酱、植物油、黄酒、白糖、盐各适量

做法

1. 鸡腿肉剔去筋，洗净切丁，加入黄酒、蛋清、淀粉拌匀；青杭椒洗净，切小段。

2. 锅入油烧热，放入鸡丁滑散，捞出沥干。

3. 锅留余油烧热，下入辣椒末炒出红油，加入腰果、黄酒、白糖、盐、辣椒酱、鸡丁、青椒段炒匀，出锅装盘即可。

酱汁鸡腿 〔鸡肉〕

原料 鸡腿肉500克，熟松仁20克

调料 姜汁、植物油、酱油、料酒、盐各适量

做法

1. 鸡腿肉去骨洗净，用刀轻剁肉面，将筋剁断。

2. 将姜汁、酱油、料酒、盐调匀，放入鸡腿肉浸泡，取出。

3. 煎锅入油烧热，放入鸡腿肉小火煎熟，切成片，装入盘中。

4. 锅入油烧热，放入姜汁、酱油、料酒烧至浓稠，浇在鸡腿肉上，撒上松仁即可。

松子鸡 〔鸡肉〕

原料 鸡腿肉500克，猪肉馅100克，松仁20克

调料 葱段、姜块、姜丝、海鲜酱、油、酱油、料酒、白糖各适量

做法

1. 鸡腿肉洗净去骨，用刀在鸡肉上排剁；猪肉馅镶在鸡腿肉上，再嵌入松仁成松子鸡生坯，放入油锅中炸至呈金黄色，捞出。

2. 油锅烧热，放入葱段、姜块炸香，加入松子鸡生坯、海鲜酱、料酒、酱油、白糖烧入味，用旺火收干卤汁，切块装盘，撒上姜丝装饰。

香辣茄子鸡 （鸡肉）

原料 鸡腿500克，茄子200克

调料 葱花、蒜末、水淀粉、辣豆瓣、植物油、醋、酱油、料酒、白糖、盐各适量

做法

1. 鸡腿肉洗净，切块，加入料酒、酱油、水淀粉腌拌；茄子洗净，切滚刀块，放入盐水中浸泡，捞出沥干。

2. 鸡肉块、茄子块分别过油，捞出沥油。

3. 锅入油烧热，下入蒜末、辣豆瓣、酱油、白糖、醋、水淀粉、鸡肉块、茄子块烧至入味，撒上葱花，炒匀盛入煲中，小火烧片刻即可。

焦炸鸡腿 （鸡肉）

烧鸡腿肉 （鸡肉）

原料 鸡腿800克，鸡蛋2个

调料 葱花、姜片、面粉、面包屑、蛋液、花椒粉、花生油、香油、酱油、白糖、盐、料酒各适量

做法

1. 鸡腿洗净，用铁针扎一些眼，加入盐、料酒、葱花、姜片、花椒粉、酱油、白糖拌匀腌渍片刻，上蒸锅中蒸熟，取出，去掉葱花、姜片，逐个裹上面粉，在蛋液中拖一下，再裹上面包屑。

2. 鸡腿逐个入油锅炸至焦脆呈金黄色捞出，装入盘中；将香油、花椒粉入油锅中烧热，淋在鸡腿肉上即可。

原料 鸡腿肉400克

调料 葱段、姜片、桂皮、八角、清汤、植物油、香油、酱油、料酒、白糖、盐各适量

做法

1. 鸡腿肉洗净，用刀将肉面划开，剔去骨头，用刀再向上剖上交叉刀纹，用酱油、料酒、盐腌渍。

2. 锅入植物油烧至八成热，放入鸡腿肉炸至呈金黄色，捞出沥油。

3. 锅留底油烧热，放入葱段、姜片炸香，加入清汤，加入桂皮、八角、酱油、料酒、白糖，烧开后去浮沫，放入鸡腿肉用慢火烧熟，取出凉凉，刷上香油，改刀装盘即可。

（原料）鸡翅12只，小青菜100克

（调料）葱花、蒜泥、植物油、酱油、料酒、白糖、盐各适量

（做法）

1. 鸡翅洗净，将两面轻轻剞上十字花刀，用料酒、酱油、白糖、蒜泥抹匀腌渍片刻；小青菜洗净。

2. 料酒、酱油、白糖、盐调成味汁。

3. 油锅烧热，放入鸡翅煎至两面呈金黄色，然后将调味汁分两次浇在鸡翅上，起锅颠翻，盛出。

4. 另起锅入油烧热，放入青菜、葱花炒至断生，随鸡翅一起装盘即可。

（提示）煎鸡翅前用酱油腌渍片刻再烹制，味道更香。

生煎鸡翅

香酥腐乳翅

（原料）鸡翅中500克

（调料）腐乳汁、蒜汁、淀粉、鸡蛋液、面包糠、植物油、料酒各适量

（做法）

1. 鸡翅中洗净，加入蒜汁、料酒、腐乳汁腌渍。

2. 将腌好的鸡翅拍淀粉，裹入蛋液，滚匀面包糠，放入热油锅中炸至定型，关火，待鸡翅浸熟后捞出；油锅再次烧热，放入鸡翅复炸至呈金黄色，捞出装盘即可。

（特点）味道香浓，咸香味美。

贵妃鸡翅

（原料）鸡翅12只，胡萝卜200克，红葡萄酒150毫升

（调料）葱花、姜片、清汤、花椒、胡椒粉、花生油、香油、料酒、白糖、盐各适量

（做法）

1. 胡萝卜洗净，切成厚菱形块，焯水备用。

2. 鸡翅洗净，改刀，放入碗中，加入盐、料酒、胡椒粉、花椒腌渍，下入沸水锅中汆水，捞出。

3. 锅入油烧热，下入葱花、姜片爆锅，下入鸡翅翻炒，加入红葡萄酒、清汤、盐、白糖，放入花椒，用微火慢炖，待鸡肉熟透汤汁浓稠时，加入胡萝卜炖熟，拣去花椒，淋香油，出锅装盘即可。

川爆鸡杂 〔鸡肉〕

原料 鸡肝、鸡胗、鸡心、鸡肠、芹菜段各100克，红、青尖椒各50克

调料 姜片、蒜片、郫县豆瓣、胡椒粉、花椒、淀粉、植物油、老抽、料酒、白糖、盐各适量

做法

1. 鸡胗洗净，切片；鸡肠洗净，切段；鸡心、鸡肝洗净，切片；红、青尖椒分别洗净，切块。

2. 将老抽、淀粉、花椒、料酒、胡椒粉、白糖调匀，倒入切好的鸡杂中拌匀，腌渍片刻。

3. 锅入油烧热，放入花椒、蒜片、姜片、郫县豆瓣炒香，倒入鸡肝片、鸡胗片、鸡心片、鸡肠段爆炒，放入红、青尖椒块翻炒，最后放入芹菜段炒匀，加入盐调味即可。

泡黄瓜炒鸡杂 〔鸡肉〕

原料 鸡胗、鸡肠、鸡心各200克，泡黄瓜100克，尖椒50克

调料 葱段、蒜片、水淀粉、辣酱、植物油、香油、红油、酱油、料酒、盐各适量

做法

1. 鸡胗洗净，切片；鸡肠洗净，切段；鸡心洗净，切片；将鸡胗片、鸡肠段、鸡心片加入料酒稍腌，放入沸水锅中汆水，断生后捞出，沥干水分；泡黄瓜洗净，切片；尖椒洗净，切块。

2. 锅入植物油烧热，下入尖椒块、泡黄瓜片、蒜片炒香，加入鸡胗片、鸡肠段、鸡心片、盐、辣酱、酱油炒匀，用水淀粉勾芡，淋上香油、红油，撒上葱段，装盘即可。

爆炒鸡胗花 〔鸡肉〕

原料 鸡胗300克，红辣椒50克

调料 葱花、蒜片、姜片、八角、花椒、老抽、料酒、白糖、盐各适量

做法

1. 鸡胗洗净，切成片；红辣椒洗净，切斜段。

2. 锅入油烧热，下入葱花、蒜片、姜片、红辣椒段、八角、花椒爆香，放入鸡胗片旺火翻炒，加入料酒、老抽、白糖、盐，继续旺火翻炒，待鸡胗变色、汤汁收干时，出锅装盘即可。

熟炒烤鸭片

原料 烤鸭肉200克，洋葱、泡椒、青椒各50克

调料 甜面酱、水淀粉、油、醋、酱油、料酒、白糖、盐、蒜瓣各适量

做法

1. 烤鸭肉切成片;洋葱、青椒洗净，切成片;泡椒洗净，切段。

2. 锅入油烧热，放入烤鸭片滑油，盛出;洋葱片、青椒片放入沸水中焯烫片刻，捞出。

3. 锅留底油烧热，放入泡椒段略煸，烹入料酒烧开，加入甜面酱、盐、酱油、白糖、醋调好味，用水淀粉勾芡，倒入洋葱片、蒜瓣、青椒片、烤鸭肉片炒匀，装入盘中即可。

葱炒鸭丝

原料 烤鸭肉200克，葱白50克，美人椒100克

调料 甜面酱、水淀粉、油、黄酒、盐各适量

做法

1. 烤鸭肉切丝;葱白洗净，切成丝;美人椒洗净，切成丝。

2. 锅入油烧热，加入甜面酱、黄酒搅匀，放入烤鸭丝、葱丝、美人椒丝翻炒，加入盐调味，用水淀粉勾芡，翻炒装盘即可。

提示 挂过淀粉的肉炒来会粘锅，一定要记住热锅凉油，锅烧到冒微烟，下入油，油稍微温一下就下肉丝。

鸭火炒脆丁

原料 鸭胸脯肉200克，火腿、莴笋各100克

调料 蛋清、水淀粉、清汤、葱段、植物油、黄酒、盐各适量

做法

1. 鸭脯肉洗净，切方丁，用黄酒、蛋清捏上劲，加入水淀粉浆匀;莴笋洗净，切成丁;火腿切方丁。

2. 取一只碗，放入清汤、水淀粉、盐，调成芡汁。

3. 锅入油烧热，倒入鸭脯肉丁滑散，捞出沥油。

4. 炒锅留底油，下入葱段煸出香味，放入鸭肉丁、火腿丁、莴笋丁，烹入黄酒，倒入芡汁，出锅即可。

酸姜爆鸭丝

原料 熟熏鸭500克，红尖椒20克

调料 姜丝、植物油、辣椒油、醋、生抽、盐各适量

做法

1. 熟熏鸭去骨取肉，切丝；红尖椒洗净，切丝。

2. 锅入油烧热，放入姜丝、红椒丝爆香，烹入少许醋，放入鸭丝，加入盐、生抽翻炒均匀，淋辣椒油，出锅即可。

提示 鸭肉较容易变质，购买后要马上放进冰箱里保存。

脆椒鸭丁

芫爆鸭条

原料 鸭脯肉300克，花生米100克，干辣椒50克

调料 蛋清、水淀粉、郫县豆瓣、植物油、红油、料酒、白糖、盐各适量

做法

1. 花生米洗净，放入沸水锅中煮1分钟，取出沥干，放入热油锅中炸脆，捞出去皮；干辣椒洗净，切段。

2. 鸭脯肉洗净，切成丁，用盐、蛋清、水淀粉挂匀上浆，放入热油锅中炸熟，捞出沥油。

3. 锅留余油烧热，放入干辣椒段炒香，加入郫县豆瓣炒香，烹入料酒，加入盐、白糖，放入鸭丁翻炒，淋红油，撒花生米炒匀即可。

原料 鸭脯肉300克，香菜100克，水发黑木耳50克

调料 葱花、蒜片、鸡汤、水淀粉、蛋清、植物油、料酒、盐各适量

做法

1. 鸭脯肉洗净，切条，用料酒、蛋清、水淀粉、盐腌渍入味；香菜洗净，切成寸段；黑木耳洗净，切丝。

2. 油锅烧热，放入鸭条，滑散熟透，捞出。

3. 锅留余油烧热，下入葱花、蒜片炝锅，倒入鸡汤，加入盐、鸭条、黑木耳丝，烹入料酒，旺火爆炒，待鸭肉条熟透后，撒香菜段炒匀，出锅即可。

原料 鸭肉500克，魔芋200克，红辣椒50克

调料 葱段、姜片、郫县豆瓣、干花椒、胡椒粉、香叶、植物油、酱油、料酒、盐各适量

做法

1. 鸭肉洗净，切块；魔芋洗净，切小块；红辣椒洗净，切段。

2. 锅入油烧热，下入干花椒、红辣椒段、姜片、香叶、郫县豆瓣炒香，加入鸭块炒匀，加入适量沸水，放入魔芋块、料酒旺火烧开，转小火炖至鸭肉块熟烂，加入酱油、盐、胡椒粉调味，撒上葱段，出锅即可。

魔芋烧鸭

荷香一品鸭

平锅板鸭煮莴笋

原料 鸭肉500克，梅干菜50克

调料 葱花、姜片、鲜汤、荷叶、胡椒粉、植物油、酱油、料酒、盐各适量

做法

1. 梅干菜洗净，切末，放入清水锅中略煮，捞出洗净；鸭肉洗净，切块。

2. 锅入油烧热，下入葱花、姜片爆香，放入鸭块，烹入料酒，加入酱油、梅干菜末翻炒，加入适量鲜汤，用盐、胡椒粉调味，旺火烧开后改小火烧15分钟。

3. 鸭块包在荷叶中，放入蒸笼蒸5分钟，出锅装盘即可。

原料 熟板鸭1只，莴笋200克，干辣椒20克

调料 姜末、鲜汤、蒸鱼豉油、豆瓣酱、茶油、酱油、盐各适量

做法

1. 熟板鸭切长条；莴笋去皮洗净，切片；干辣椒洗净，切段。

2. 锅入茶油烧至七成热，放入干辣椒段、豆瓣酱、姜末煸香，放入莴笋片、板鸭条小火翻炒，加入鲜汤煮沸，调入盐、酱油、蒸鱼豉油炒匀，出锅装盘即可。

辣妹子光棍鸭 鸭肉

原料 鸭肉400克，红椒片、青椒片各25克

调料 葱段、姜片、鲜汤、甜面酱、柱候酱、花生酱、辣酱、五香粉、花椒油、红油、香油、料酒、酱油各适量

做法

1. 鸭肉洗净，切成方块。

2. 锅入红油烧至六成热，下入姜片、鸭块炒香，烹入料酒，放入甜面酱、柱候酱、花生酱、盐、酱油、五香粉、辣酱炒拌入味，加入鲜汤烧开，撇去浮沫，改小火烧至鸭肉酥烂，放入红椒片、青椒片，旺火收浓汤汁，淋花椒油、香油，撒上葱段即可。

姜烧鸭 鸭肉

原料 鸭肉500克，生姜50克

调料 鲜汤、豆瓣酱、甜面酱、红椒末、花椒、植物油、酱油、料酒、盐各适量

做法

1. 鸭肉洗净，切块，放入酱油、盐、料酒、花椒腌渍入味；生姜洗净，切长片。

2. 锅入油烧热，下入花椒炸香，放入鸭块、姜片爆炒，烹入料酒，快炒至鸭块呈浅黄色，下入豆瓣酱、甜面酱炒香，放入红椒末、盐、料酒、鲜汤，改用中火烧片刻，待鸭块熟透时，出锅即可。

秘制洞庭麻鸭 鸭肉

原料 洞庭麻鸭750克

调料 姜末、蒜末、红椒末、料酒、辣酱、八角、桂皮、香叶、芝麻酱、红油、花生油、香油、蚝油、脆浆、酱油、盐、高汤各适量

做法

1. 麻鸭处理干净，去尽血污，煮至八成熟，捞出沥干；锅入油烧至八成热，将鸭肉表面抹上脆浆，放入锅中小火炸至表面呈金黄色，捞出。

2. 锅留油烧至六成热，下入姜末、八角、蒜末、桂皮、香叶、辣酱煸香，放入高汤、鸭肉，再放入盐、料酒、蚝油、酱油、芝麻酱，小火焖10分钟，待汤汁收浓，浇上蒜末、红椒末、辣酱、红油、淋香油，出锅装盘即可。

原料 鸭子500克，长豆角250克，干红辣椒20克

调料 姜丝、蒜片、泡椒、八角、啤酒、老抽、生抽、盐各适量

啤酒鸭

做法

1. 鸭子洗净，剁成小块；豆角洗净，切成段；干辣椒洗净，切段。

2. 炒锅置小火上预热，放入鸭子块煎2分钟，鸭油成液体状时，放入姜丝、蒜片、干红辣椒段、八角、泡椒炒香，再加入啤酒、老抽，盖上锅盖，待汁水焖到一半时，放入豆角段，加入盐调味，盖上锅盖，待豆角焖至软熟时，淋少许生抽调匀，出锅即可。

香芋焖鸭块

原料 光鸭300克，香芋200克

调料 葱段、姜片、胡椒粉、植物油、酱油、料酒、白糖、盐各适量

做法

1. 香芋去皮洗净，切厚块，滑油。

2. 光鸭洗净，沥干后斩件，用少许料酒及胡椒粉拌匀，腌渍片刻。

3. 锅入油烧热，爆香姜片、葱段，加入鸭块、料酒共同爆香，将香芋块及酱油、白糖、盐加入鸭块中，盖盖，用中火焖煮至鸭块酥熟即可。

锅烧鸭

原料 净雏鸭1只，鸡蛋2个

调料 葱段、姜片、鸡汤、八角、桂皮、花椒、面粉、水淀粉、植物油、酱油、料酒、盐各适量

做法

1. 将净雏鸭洗净，从脊背处切开，去鸭嘴，放入清水锅中煮至八成熟，捞出，去骨，放入碗中，加酱油、鸡汤、料酒、葱段、姜片、八角、桂皮、盐、花椒上笼蒸烂，取出，去掉葱段、姜片。

2. 鸡蛋打散，加面粉、水淀粉调成糊，一半抹到盘中，将鸭皮朝下放在糊上，另一半抹在鸭身上。

3. 锅入油烧至八成热，鸭子从盘中慢慢拖进油中炸至金黄色捞出，沥油，切块，装盘即可。

黑椒鸭丁

鸭肉

原料 鸭腿肉300克，彩椒、洋葱各50克，鸡蛋2个

调料 黑椒汁、胡椒面、植物油、老抽、香油、蚝油、生抽、料酒、白糖、盐、淀粉各适量

做法

1. 将鸭肉洗净，切成方丁，放老抽、盐、鸡蛋、淀粉拌匀上浆；彩椒洗净，切丁；洋葱去皮，洗净，切方丁。

2. 锅入油烧至四五成热时，放入浆好的鸭丁，拨散滑油至熟，倒入漏勺内沥油。

3. 锅留少许底油，放洋葱丁炝锅煸出香味，放彩椒丁、鸭丁、料酒、黑椒汁、蚝油、生抽、盐、白糖、胡椒面、水，翻炒几下，用水淀粉勾芡，颠炒均匀，淋香油即可。

苦瓜炒鸭舌

鸭肉

辣豆豉鸭头

鸭肉

原料 鸭舌、苦瓜各200克，红椒20克，竹笋100克

调料 葱末、姜末、植物油、生抽、料酒、水淀粉、白糖、盐各适量

做法

1. 锅中加入清水烧开，放入葱末、姜末、料酒、鸭舌，煮至鸭舌熟透，捞出放凉水盆中，除去舌膜、舌根、舌软骨；苦瓜洗净，一切两半，去瓤，切成菱形块；红椒洗净，切小菱形块。

2. 锅入油烧热，放入苦瓜块、鸭舌过油，倒入漏勺中沥油；竹笋洗净，切片。

3. 锅留油烧热，放入葱末、姜末炝锅，放入苦瓜块、竹笋片、红椒块、鸭舌、料酒、盐、白糖、生抽翻炒，用水淀粉勾芡，颠炒均匀，装盘即可。

原料 鸭头200克，干辣椒段50克

调料 葱末、姜末、蒜末、豆豉、香辣豆豉酱、辣椒油、植物油、酱油、白糖、盐各适量

做法

1. 鸭头洗净，汆水，沥干水分；锅入油烧热，放入鸭头煸一下，倒出沥油。

2. 锅入油烧热，放入葱末、姜末、蒜末、豆豉、干辣椒段爆香，加入鸭头、香辣豆豉酱、盐、酱油、白糖翻炒，加入适量清水，旺火煮沸，改小火煮至鸭头熟烂，待汤汁浓稠时，淋辣椒油，出锅装盘即可。

干锅鸭唇

鸭肉

原料 鸭下巴10个，红尖椒100克，青尖椒、藕片各50克

调料 葱段、姜片、蒜片、花椒、豆豉、干辣椒、泡辣椒、豆瓣酱、湘味卤水、油各适量

做法

1. 将鸭下巴入沸水中旺火氽3分钟，捞出洗净，入湘味卤水中小火卤熟，捞出备用。

2. 锅入油烧热，入鸭下巴炸2分钟，捞出沥油；藕片洗净，炸脆；青尖椒洗净，切条；红尖椒洗净，切段。

3. 锅入油烧热，放姜片、葱段、干辣椒、蒜片中火煸香，再放入花椒、豆瓣酱、泡辣椒、豆豉小火煸炒，放入鸭下巴、青尖椒条、红尖椒段、藕片，中火翻炒片刻即可。

银牙鸭肠

鸭肉

原料 鸭肠300克，绿豆芽100克

调料 干辣椒丝、鲜花椒、辣椒油、植物油、生抽、盐各适量

做法

1. 鸭肠剥开，加盐搓洗干净，切成段，入沸水锅中氽烫，捞出沥干水分；绿豆芽掐去两头洗净。

2. 锅入油烧热，放干辣椒丝、鲜花椒爆香，再放入鸭肠段、绿豆芽，加盐、生抽调味，翻炒均匀，淋辣椒油即可。

非常辣鸭肠

鸭肉

原料 鸭肠300克，土豆条100克

调料 葱末、姜末、蒜末、香菜段、水淀粉、酱油、辣椒、胡椒粉、花椒粉、植物油、高汤、醋、料酒、盐各适量

做法

1. 将鸭肠放在一个容器中，用盐揉搓掉肠液，用水漂洗干净，氽水沥干水分。

2. 锅入油烧热，放入土豆条炸至呈金黄色，捞出沥油。

3. 用酱油、水淀粉、料酒、醋、胡椒粉和高汤调成汁。

4. 另起锅入油烧热，放葱末、姜末、蒜末、花椒粉、辣椒爆香，放入鸭肠、土豆条翻炒，倒入调好的汁，旺火炒匀，撒香菜段即可。

椒丝炒鸭肠 鸭肉

原料 鸭肠500克，青椒丝50克

调料 葱丝、辣椒油、植物油、香油、醋、酱油、料酒、盐各适量

做法

1. 鸭肠剖开洗净，慢慢理顺，用小绳从肠子中间系上，放在盆里，加盐、醋浸泡一会，用手慢慢揉搓，待揉出白泡沫时，洗净放在沸水里烫一烫，颜色变白时捞出，放进凉水中，捞出，切段，再放入沸水里烫一下，沥净水分。

2. 把青椒丝、葱丝放在一起，加入料酒、酱油、盐、醋调成味汁。

3. 锅入油烧热，加入调好的味汁，入鸭肠颠炒10秒钟左右，淋辣椒油、香油即可。

干炒鸭肠 鸭肉

原料 鸭肠500克，猪肥膘肉、干椒各10克

调料 葱段、植物油、香油、红油、生抽、绍酒、白糖、盐各适量

做法

1. 鸭肠洗净，切成7厘米长的段，入沸水中汆烫一下，捞出沥干；猪肥膘肉洗净，切成丁；干椒洗净，切段。

2. 锅入油烧至七成热，先下入肥膘肉丁、干椒段、葱段炒出香味，再放入鸭肠段，加入白糖、生抽、香油、红油、盐、绍酒煸炒至入味，装盘即可。

火爆鸭肠 鸭肉

原料 鸭肠300克，青椒100克，红椒20克

调料 葱花、姜片、蒜片、水淀粉、胡椒粉、鲜汤、植物油、料酒、白糖、盐各适量

做法

1. 鸭肠洗净，切段；青椒、红椒去蒂、籽，洗净，切丝；将盐、料酒、白糖、鲜汤、水淀粉、胡椒粉调成味汁。

2. 锅置火上，烧水至沸，放入鸭肠汆泡一下捞出。锅入油烧热，下青椒丝、红椒丝，煸至断生。

3. 锅入油烧至七成热，放入鸭肠爆炒至卷曲收缩时，滗去余油，烹入料酒，投入姜片、蒜片、葱花、青椒丝、红椒丝，迅速烹入味汁，颠锅推转和匀，装盘即可。

(原料) 鸭肝8个，葡萄酒200克

(调料) 葱末、蒜末、五香粉、胡椒粉、淀粉、熟猪
油、香油、酱油、绍酒、白糖、盐各适量

(做法)

1. 鸭肝去筋膜，洗净，切成厚片，加葡萄酒、盐
腌渍。

2. 锅入熟猪油烧至九成热，放入鸭肝片，边煎边
撒盐，煎至刚熟，盛出。

3. 锅留余油烧热，放入葱末、蒜末略炒出香味，
放五香粉、胡椒粉、淀粉、酱油、绍酒、白糖
炒匀，放入煎好的鸭肝片入味，淋入香油翻炒
均匀，出锅盛入大盘中即可。

煎鸭肝

白烧鸭肝

小炒鸭掌丝

(原料) 鸭肝300克，水发冬菇、水发玉兰片各50克

(调料) 葱花、姜片、鸡汤、花椒、甜面酱、植物
油、料酒、白糖、盐各适量

(做法)

1. 鸭肝洗净切成块，入沸水中烫一下；玉兰片、
冬菇洗净，均切成片入沸水中烫过。

2. 锅中加油烧热，放入白糖炒至汁呈金黄色，下
入甜面酱炒匀，加葱花、姜片、冬菇、玉兰片、
花椒、鸭肝块稍炒，加入鸡汤、料酒、盐，小
火烧约5分钟至汤汁浓稠时，装盘即可。

(原料) 鸭掌800克，绿豆芽30克，胡萝卜丝15克，
青尖椒、红尖椒各10克

(调料) 葱末、姜末、蒜末、卤水、植物油、盐各适量

(做法)

1. 鸭掌入沸水焯洗，捞出去污物，再入烧沸的卤
水中小火卤熟，取出去骨，切长5厘米、宽0.5
厘米的丝。

2. 青尖椒、红尖椒洗净，切5厘米长的丝；绿豆芽
去头尾，入沸水中焯洗，捞出沥水。

3. 锅入油烧热，放入葱末、姜末、蒜末爆香，入
绿豆芽、青尖椒丝、红尖椒丝、鸭掌丝、胡萝
卜丝旺火翻炒均匀，加盐调味即可。

丝瓜炒鸡蛋

原料 丝瓜400克，小辣椒50克，鸡蛋4个

调料 植物油、料酒、盐各适量

做法

1. 鸡蛋打散，加入少量盐、料酒，搅拌均匀；丝瓜去皮洗净，切片。

2. 锅入油烧热，倒入鸡蛋炒熟盛碗备用。

3. 锅入油烧热，倒入丝瓜炒熟，加入小辣椒和炒熟的鸡蛋同炒，调入盐翻炒均匀即可。

提示 丝瓜不要提前去皮切块，炒之前再去皮切块，而且要加少许盐拌均匀，这样丝瓜炒出来不会发黑。

尖椒炒鸡蛋

原料 青尖椒200克，鸡蛋2个

调料 葱末、植物油、盐各适量

做法

1. 鸡蛋打散；尖椒洗净，切末。

2. 将鸡蛋、尖椒末放入碗中，加入盐搅匀。

3. 锅入油烧热，放入葱末爆香，再放入鸡蛋尖椒末炒熟，装盘即可。

提示 炒鸡蛋时，将鸡蛋顺一个方向搅打，并加入少量水，可使鸡蛋更加鲜嫩。

特色黄金蛋

原料 鸡蛋黄200克，核桃仁、冬瓜条各50克

调料 枸杞、黄精、当归、水淀粉、色拉油、白糖各适量

做法

1. 黄精、当归洗净，烘干后碾成末；枸杞洗净；冬瓜条洗净；核桃仁洗净，剁成末。

2. 碗中放入鸡蛋黄，加入水淀粉、黄精、当归，加清水搅匀。

3. 锅入油烧热，倒入搅拌好的蛋黄，翻搅片刻，加入冬瓜条、核桃仁和白糖，炒至白糖完全溶化，点缀枸杞即可。

原料 蛤蜊肉、鸡蛋、水发木耳各100克，尖椒2个

调料 葱花、水淀粉、花椒水、植物油、盐各适量

做法

1. 木耳择去硬根，洗净，撕成片；鸡蛋打散；尖椒洗净，切末；蛤蜊肉洗净。

2. 锅入油烧热，放入蛤蜊肉煸炒，再放入葱花、尖椒末、花椒水、木耳片煸炒，下入蛋液，加盐调味，用水淀粉勾芡即可。

提示 炒木耳的时候稍加点水，这样木耳就不会向下爆了。

蛋炒蛤蜊木耳 蛋类

剁椒虾仁炒蛋 蛋类

鱼香炒蛋 蛋类

原料 速冻虾仁10粒，鸡蛋4个，红杭椒段20克

调料 葱花、酱油、剁椒酱、胡椒粉、植物油、香油、料酒各适量

做法

1. 虾仁洗净，剁碎，用胡椒粉、料酒腌渍片刻。

2. 鸡蛋打散，放入料酒、虾仁碎、葱花、红杭椒段、剁椒酱、香油、水，搅拌均匀。

3. 锅入油烧热，倒入蛋液，轻轻晃动，使蛋液受热均匀，一分钟后，轻轻翻转，再快速翻炒，烹入酱油炒匀即可。

原料 鸡蛋300克，胡萝卜、木耳各50克，洋葱20克

调料 蒜末、姜末、香菜、淀粉、豆瓣酱、植物油、醋、酱油、料酒、白糖各适量

做法

1. 木耳泡发，去蒂洗净，切丝；胡萝卜、洋葱分别洗净，切丝；鸡蛋打散，炒熟盛出。

2. 白糖、醋、料酒、酱油、淀粉、水调匀成汁。

3. 锅入油烧热，放入豆瓣酱、姜末、蒜末翻炒，放入胡萝卜丝翻炒均匀，待其稍软，放入洋葱丝和木耳丝，倒入调好的汁，放入炒好的鸡蛋，翻炒装盘，装饰香菜即可。

山耳西芹花枝片 鱼类

原料 水发木耳50克，西芹段150克，净墨鱼片200克，红椒片30克

调料 料酒、辣椒酱、盐、胡椒粉、醋、白糖、葱粒、姜粒、淀粉、油、香油各适量

做法

1. 西芹段、净墨鱼片、红椒片分别焯水，过油。
2. 锅入油烧热，放入葱粒、姜粒、辣椒酱炒香，放料酒、盐、胡椒粉、白糖、醋、木耳、西芹段、净墨鱼片、红椒片，翻炒几下，用淀粉勾芡，颠炒均匀，淋香油，装盘即可。

雪菜墨鱼 鱼类

原料 墨鱼300克，雪菜、青椒、红椒、青豆各50克

调料 葱末、姜末、淀粉、胡椒粉、植物油、醋、料酒、盐各适量

做法

1. 墨鱼洗净，切丝；青椒、红椒分别洗净，切丝；青豆洗净，煮熟；雪菜洗净，切碎；料酒、盐、胡椒粉、醋、淀粉调成汁。
2. 墨鱼丝汆水后滑油，青椒丝、红椒丝过油。
3. 锅入油烧热，下葱末、姜末炝锅，放雪菜碎煸炒一下，放墨鱼丝、青椒丝、红椒丝、青豆颠炒，倒入调料汁，快速炒匀装盘即可。

洋葱炒墨鱼丝 鱼类

原料 墨鱼250克，洋葱、青椒、红椒各25克

调料 蒜末、茄汁、淀粉、胡椒粉、植物油、香油、白糖、料酒、盐各适量

做法

1. 墨鱼撕去皮，洗净沥水，切丝，用香油、盐、胡椒粉、淀粉腌渍入味；洋葱、青椒、红椒分别洗净，切丝。
2. 锅入油烧热，爆香蒜末，入墨鱼丝、洋葱丝、青椒丝、红椒丝一起煸炒，加料酒，用茄汁、白糖、淀粉勾芡即可。

原料 墨鱼300克，水发黑木耳100克

调料 姜汁、鸡汤、胡椒粉、水淀粉、清油、鸡油、盐各适量

1. 墨鱼洗净，改刀成块，剞十字花刀，顺刀切成鱼尾状；木耳洗净，撕片。

2. 将加工好的墨鱼片用沸水氽好码在盘中。

3. 起锅放清油、鸡汤、姜汁、盐、胡椒粉烧开，加少许水淀粉勾芡，将汁浇在码好的墨鱼片上，淋少许鸡油即可。

玻璃鲜墨鱼

灌汤墨鱼球

原料 墨鱼500克，皮冻馅、面包屑各100克

调料 葱汁、姜汁、料酒、植物油、盐各适量

做法

1. 墨鱼洗净，用绞肉机绞成泥，加葱汁、姜汁、料酒、盐调成鱼蓉。

2. 将鱼蓉挤成球，灌入皮冻馅，再滚沾上面包屑，入油锅炸熟，装盘即可。

特点 口味咸鲜，质地嫩爽。

蒜末香墨片

原料 鲜墨鱼200克，生菜50克

调料 蒜末、西芹粒、洋葱粒、面包屑、沙姜粉、香叶、植物油、料酒、盐各适量

做法

1. 墨鱼洗净，剞上刀纹，用料酒、蒜末、沙姜粉、西芹粒、洋葱粒、香叶、盐腌渍入味。

2. 墨鱼拍上面包屑，锅中加入油烧热，放入墨鱼炸熟，切片，放入生菜盘中即可。

提示 烹调墨鱼时，必须煮熟透后再食用，因为墨鱼中有一种多肽成分，易导致肠功能失调。

鱿鱼肉丝 鱼类

原料 鱿鱼200克，猪肉丝、柿子椒丝、笋丝各50克

调料 淀粉、植物油、香油、酱油、料酒、盐各适量

做法

1. 鱿鱼洗净，切丝，入沸水汆烫；猪肉丝用淀粉上浆。

2. 锅入油烧热，下猪肉丝滑散，沥油。

3. 锅留底油，下入鱿鱼丝、猪肉丝、柿椒丝、笋丝，加酱油、料酒、盐翻炒，用水淀粉勾芡，淋明油、香油即可。

酸辣笔筒鱿鱼 鱼类

原料 干鱿鱼300克，猪瘦肉100克，水发玉兰片50克

调料 葱花、干辣椒段、酸泡菜、清汤、水淀粉、植物油、香油、醋、酱油、盐各适量

做法

1. 干鱿鱼洗净，切片，汆水，加水淀粉、盐抓匀。猪瘦肉、酸泡菜、玉兰片分别洗净，切末。

2. 鱿鱼片入油锅滑油，捞出；锅留底油烧热，卜猪瘦肉末、玉兰片末、酸泡菜末、干辣椒段、葱花煸炒，下鱿鱼片、酱油、醋一起炒，加清汤烧开，用水淀粉勾芡，淋入香油即可。

笋干鱿鱼肉丝 鱼类

原料 鱿鱼干400克，笋干200克，芹菜50克，金针菇10克，青椒丝、红椒丝各20克

调料 植物油、醋、酱油、盐各适量

做法

1. 鱿鱼干、笋干泡发洗净，切丝；芹菜洗净，切段；金针菇切去根部，撕散，洗净。

2. 锅入油烧热，放入鱿鱼丝翻炒至将熟，加入笋干丝、芹菜段、青椒丝、红椒丝、金针菇炒匀，炒熟后，加入盐、醋、酱油调味，装盘即可。

家常烧带鱼 鱼类

原料 带鱼600克

调料 葱花、姜末、蒜片、香菜末、生粉、胡椒粉、植物油、生抽、老抽、盐各适量

做法

1. 带鱼洗净，切段，用盐和胡椒粉略腌一下，鱼身两面拍生粉，入热油锅炸至金黄，捞出沥油。

2. 锅入油烧热，下葱花、姜末、蒜片爆锅，倒入小半碗水，放入带鱼，加适量的生抽，滴几滴老抽，用中火烧至汤汁粘稠，撒香菜末即可。

泡菜烧带鱼 鱼类

原料 冻带鱼300克，泡青菜50克，胡萝卜丁10克

调料 葱段、姜末、蒜末、鲜汤、淀粉、胡椒粉、青辣椒段、植物油、醋、酱油、料酒、盐各适量

做法

1. 带鱼洗净，切长段；泡青菜洗净，切成薄片。

2. 带鱼入油锅炸至呈浅黄色，捞起；锅留底油烧热，下青辣椒段、泡青菜片、胡萝卜丁、姜末、蒜末炒出香味，再放鲜汤、带鱼段、盐、料酒、酱油、醋、胡椒粉烧入味，带鱼段装盘，用淀粉勾芡，待汁浓稠后加葱段，淋在带鱼上即可。

干烧带鱼 鱼类

原料 带鱼600克

调料 葱末、姜末、蒜末、榨菜丁、干辣椒段、豆瓣酱、猪油、醋、酱油、料酒、香油、白糖、盐各适量

做法

1. 带鱼洗净，切段。锅入油烧热，将带鱼炸至外皮略硬，捞出。

2. 锅留底油，下入干辣椒段煸出香辣味，放豆瓣酱、葱末、姜末、蒜末煸炒，再放入榨菜丁炒散，加入料酒、酱油、白糖、醋、盐、香油、带鱼段、清水，旺火煮沸，改小火炖至汤汁快干即可。

葱烧鳗鱼 鱼类

原料 河鳗400克

调料 葱段、淀粉、胡椒粉、米酒、醋、酱油各适量

做法

1. 鳗鱼去内脏，洗净切段，加淀粉、酱油、米酒腌一会儿，入热油中煎至两面金黄，捞起沥油。

2. 锅留余油加热，爆香葱段，下鳗鱼段，加入胡椒粉、醋、酱油、米酒、水，旺火烧开后，改小火烧至鳗鱼入味时，再转旺火收汁即可。

辣烧河鳗 鱼类

原料 河鳗300克

调料 干辣椒段、葱末、姜末、蒜末、香菜、水淀粉、花生油、醋、酱油、白糖、盐各适量

做法

1. 河鳗处理干净，切段。

2. 锅入油烧热，放酱油、醋、干辣椒段、葱末、姜末、蒜末爆香，加鳗鱼段炒一下，加盐、白糖调味，慢火烧透入味，撒香菜，水淀粉勾芡即可。

尖椒炒鲫鱼 鱼类

原料 鲫鱼600克，青尖椒、红尖椒各20克，芝熟麻10克

调料 葱花、姜片、蒜片、花椒粒、辣椒酱、植物油、料酒、盐各适量

做法

1. 鲫鱼洗净，切片，入热油锅中炸至酥脆，捞出沥油。

2. 青尖椒、红尖椒去蒂、籽洗净，切粗丝。

3. 锅入油烧热，下入青尖椒丝、红尖椒丝、姜片、蒜片、辣椒酱、花椒粒炒香，放入鲫鱼片略炒，加入料酒、盐炒匀，撒葱花、熟芝麻即可。

生炒鲫鱼 鱼类

茄汁鱼条 鱼类

原料 鲫鱼2条，熟笋片、青椒丝、鸡蛋清、水发黑木耳各20克

调料 葱段、鲜汤、淀粉、油、醋、酱油、白糖、盐各适量

做法

1. 鲫鱼洗净，切成大片，加盐、鸡蛋清、淀粉上浆；木耳洗净，撕小片。

2. 锅入油烧热，放入鲫鱼片滑油，盛出备用。

3. 油锅烧热，放笋片、青椒丝、木耳片、葱段略炒，加鲜汤、盐、酱油、白糖、醋调味，勾芡，倒入鱼片炒匀即可。

原料 草鱼1条，柿子椒片50克，鸡蛋1个

调料 葱段、姜片、水淀粉、番茄酱、植物油、醋、料酒、白糖、盐各适量

做法

1. 草鱼处理干净，取鱼肉切条，放碗中，加料酒、盐、鸡蛋搅匀，再加入水淀粉搅匀。

2. 锅入油烧热，放入鱼条炒散，捞出。

3. 另起锅入油烧热，爆香葱段、姜片，去掉葱段、姜片，入番茄酱略炒，加料酒、醋、盐、白糖和清水，草鱼条烧开，放入柿子椒片，用水淀粉勾芡，收汁即可。

原料 草鱼1条，冬瓜、番茄、水晶粉各30克

调料 葱花、姜片、蒜末、胡椒粉、植物油、白糖、盐各适量

做法

1. 草鱼处理干净，切块；冬瓜去皮，洗净，切片；番茄去蒂，洗净，切块。

2. 锅入油烧热，下番茄块炒成酱，加入姜片、蒜末，倒入水，将冬瓜片、草鱼块放入烧透，加盐、白糖、胡椒粉调味。

3. 水晶粉洗净，煮熟后放入碗中，将烧好的草鱼块和冬瓜取出放在上面，浇汤，撒葱花即可。

酸汁冬瓜鱼

五柳松子鱼

红烧肚档

原料 草鱼1条，松仁50克，冬菇丝、辣椒丝各15克

调料 葱花、姜片、蒜末、香菜段、高汤、水淀粉、植物油、醋、酱油、料酒、白糖、盐各适量

做法

1. 草鱼处理干净，洗净控水，两侧剖一字形花刀，放入沸水锅中，加入葱花、姜片，调入料酒、盐，以文火煮至熟透盛盘。

2. 锅入油烧热，下葱花、姜片、蒜末、冬菇丝、辣椒丝稍炒，倒入高汤，再加白糖、醋、料酒、水淀粉、酱油勾芡，搅匀浇在鱼上，撒上松仁、香菜段即可。

原料 草鱼1条

调料 葱花、姜末、葱段、水淀粉、熟猪油、醋、酱油、料酒、白糖、盐各适量

做法

1. 草鱼洗净，取草鱼腹部肉，切5厘米长、4厘米宽的长方片。

2. 锅入猪油烧热，下葱段爆香，入鱼块稍煎，烹入料酒，下姜末、酱油、白糖、醋、盐，烧沸后改用小火炖10分钟收汁，用水淀粉勾芡，淋猪油装盘，撒上葱花即可。

雨花干锅鱼 鱼类

原料 江东鲈鱼750克，雨花石15个

调料 姜片、炸蒜片、高汤、青蒜、干锅酱、生粉、水淀粉、色拉油、猪油、料酒、盐、香菜段各适量

做法

1. 鲈鱼宰杀，洗净，切瓦片块。加盐、料酒调味，拍生粉。下热油锅，炸至金黄色，捞出。

2. 青蒜洗净切成段。雨花石用烧至五成热的色拉油文火炸热，放入砂锅中。

3. 净锅入猪油烧至七成热，放入姜片、青蒜段、炸蒜片、干锅酱爆香。倒入高汤、炸酥的鱼块，烹入料酒，烧至熟透入味，用水淀粉勾芡，翻匀出锅，装入烧过的砂锅中，撒上香菜段即可。

蛋松鲈鱼块 鱼类

原料 鲈鱼肉150克，鸡蛋黄50克

调料 葱花、姜丝、红椒丝、淀粉、色拉油、盐各适量

做法

1. 鲈鱼肉洗净切块，剞花刀，加盐、淀粉上浆。

2. 锅中入油，将鸡蛋黄液淋入炸成蛋松。

3. 锅中入油烧至四成热后，投入鱼块滑熟。另起锅炒香姜丝、红椒丝，放入鱼块，加盐调味，用水淀粉勾芡，盛出浇在蛋松上，撒上葱花即可。

功夫鲈鱼 鱼类

原料 鲈鱼600克，菜心150克，青红椒圈、泡椒段各100克

调料 植物油、白醋、酱油、料酒、盐各适量

做法

1. 鲈鱼洗净，切块；菜心洗净。

2. 青红椒圈、泡椒段放入盛器中，加入盐、白醋、酱油、料酒腌渍；菜心焯水，捞出，放在盘中。

3. 油锅烧热，放入鲈鱼块，加入盐、料酒滑熟，倒上青红椒圈、泡椒段，烧至入味，装盘即可。

(原料) 鳝鱼500克，冬笋丝50克，红菜椒丝、香菇
丝各30克，鸡蛋1枚

(调料) 葱丝、姜丝、香菜段、干淀粉、白胡椒粉、
植物油、料酒、盐各适量

(做法)

1. 鸡蛋打散；鳝鱼去皮、骨，洗净，切成6厘米长
的丝，加蛋液和干淀粉抓拌上浆。

2. 锅入油烧至五成热，放入腌渍好的鳝鱼丝滑散，
捞出沥油。

3. 锅中重新入油，旺火烧至七成热，放入葱丝、
姜丝爆香，入鳝鱼丝、冬笋丝、红菜椒丝、香
菇丝，翻炒均匀，入料酒、盐调味，出锅前加
入白胡椒粉和香菜段翻炒均匀即可。

紫龙脱袍

杭椒鳝片

春芽鳝鱼丝

(原料) 鳝鱼150克，红杭椒、青杭椒、黄柿子椒各
15克

(调料) 植物油、生抽、料酒、盐各适量

(做法)

1. 鳝鱼洗净，切片，入沸水中焯一下；青杭椒、
红杭椒分别洗净，切条；黄柿子椒洗净，切条。

2. 锅入油烧至六成热，下入鳝鱼片炒至表皮微变
色，加入青杭椒、红杭椒、黄柿子椒条炒匀。

3. 再放盐、生抽、料酒调味，装盘即可。

(特点) 色美味鲜，鱼肉鲜嫩。

(原料) 鳝鱼肉300克，香椿100克，小米辣丁20克

(调料) 姜丝、胡椒粉、植物油、香油、料酒、盐各
适量

(做法)

1. 鳝鱼肉洗净，切粗丝，加料酒、盐、胡椒粉抓
匀；香椿洗净，切碎丁。

2. 锅入油烧热，放入姜丝、小米辣丁、料酒、香
椿丁爆香，放入鳝鱼丝爆炒，加盐调味，炒片
刻，淋香油即可。

(提示) 鳝鱼宜现杀现烹，这样鳝鱼体内含组氨酸较
多，味道会很鲜美。

麻辣鳝段

鱼类

原料 鳝鱼丝300克

调料 葱花、姜末、辣椒面、花椒面、植物油、香油、酱油、绍酒、白糖、盐各适量

做法

1. 鳝鱼丝洗净，用绍酒、酱油、盐、葱花、姜末腌渍入味，用七成热油炸干水分，起锅装盘。

2. 炒锅加入水、酱油、白糖，烧沸后下入鳝鱼丝，收汁，加入辣椒面、花椒面，淋入香油即可。

蜀香炒鳝鱼

鱼类

原料 鳝鱼400克，油菜200克，熟白芝麻少许

调料 葱花、植物油、红油、酱油、盐各适量

做法

1. 鳝鱼洗净，切段。油菜洗净，入沸水中焯一下，摆入盘中。

2. 锅入油烧热，放入鳝鱼段炒至变色卷起，倒入酱油、红油炒匀。

3. 炒至熟后，加盐调味，起锅置于盘中的油菜上，撒上熟白芝麻、葱花即可。

炒蝴蝶鳝片

鱼类

原料 活鳝鱼500克，洋葱、竹笋片各50克，鸡蛋清30克

调料 姜末、蒜末、胡椒面、高汤、生粉、香油、植物油、醋、酱油、料酒、盐各适量

做法

1. 鳝鱼洗净，切成蝴蝶状，放入盆内，用鸡蛋清、盐、生粉拌匀，浆好；洋葱洗净，切成片。

2. 胡椒面、高汤、醋、酱油、料酒、盐调成料汁。

3. 油锅烧热，将鳝鱼滑熟。另起油锅，加洋葱片、姜蒜末、鳝鱼片、竹笋片、料汁炒熟，淋香油即可。

干煸鳝丝

鱼类

原料 鳝鱼肉250克，生菜50克

调料 蒜末、葱花、姜片、辣豆瓣酱、熟白芝麻、植物油、醋、酱油、盐、香油各适量

做法

1. 鳝鱼肉洗净，切丝。

2. 生菜洗净，放入盘中，备用。

3. 锅入油烧热，放入鳝鱼丝煸炒，加辣豆瓣酱、姜片、葱花炒匀，放入蒜末、盐、酱油、醋、香油，颠翻几次，盛入放生菜的盘中，撒上熟白芝麻即可。

咸肉爆鳝片

原料 鳝鱼400克，熟咸肉100克，青尖椒条50克

调料 葱花、姜片、蒜粒、辣椒酱、水淀粉、胡椒粉、花生油、醋、酱油、白糖各适量

做法

1. 鳝鱼肉洗净切段；咸肉洗净切片；酱油、醋、白糖、水淀粉调成芡汁。

2. 锅入油烧热，放入鳝鱼段、咸肉片爆炒片刻，倒入漏勺，沥去油。锅留底油，放入葱花、姜片、蒜粒、青尖椒条、辣椒酱、鳝鱼片、咸肉片略煸，倒入芡汁，翻炒几下，撒胡椒粉即可。

金蒜烧鳝段

原料 鳝鱼150克，花生仁30克，芹菜20克

调料 老抽、料酒、白糖、盐各适量

做法

1. 鳝鱼洗净，在背部均匀割上花刀，斩成小段；芹菜洗净，切段。

2. 锅入油烧热，放入花生仁炸香，再放入鳝鱼段、芹菜段旺火煸炒，加水、盐、白糖、老抽、料酒旺火烧开，再用小火烧3分钟，待汤汁浓稠时盛盘即可。

毛豆烧鱼乔

原料 鱼乔（即小鳝鱼）400克，鲜毛豆200克，青杭椒丁、红杭椒丁各10克

调料 豆瓣酱、植物油、料酒、盐各适量

做法

1. 鱼乔切成段，洗净余水，毛豆洗净煮熟。

2. 锅入油烧热，下入鱼乔段滑油，捞出沥干。

3. 锅入油烧至六成热，下入豆瓣酱、青杭椒丁、红杭椒丁旺火煸出香味，加鱼乔、鲜毛豆、水，小火烧约5分钟，至汤汁浓稠时入料酒、盐，炒匀即可。

泡椒鳝鱼

原料 鳝鱼500克，泡椒末50克

调料 葱段、姜末、蒜片、植物油、醋、酱油、料酒、白糖、盐各适量

做法

1. 鳝鱼洗净，切成3.5厘米长的段。

2. 鳝鱼入油锅煸干水气，加剁细的泡椒末和姜末、蒜片，炒出香味，烹料酒炒匀，加酱油、盐、白糖，烧开后移微火上将鳝鱼烧软，待锅内汤汁基本烧干时，加葱段、醋，将汁收干即可。

豆瓣酱烧肥鱼 _{鱼类}

原料 鲶鱼500克，冬笋丝50克，香菇丝25克

调料 葱末、姜末、蒜末、水淀粉、豆瓣辣酱、熟猪油、香油、醋、酱油、料酒、高汤、白糖、盐各适量

做法

1. 鲶鱼洗净剁段，将腹内脊骨稍剁开，用盐、料酒腌一下，洗净，入油锅炸至五成熟捞出。

2. 锅入熟猪油烧热，下入冬笋丝、香菇丝、姜末、蒜末和豆瓣辣酱，炒出香辣味，再放入鲶鱼、高汤、酱油、醋、白糖，烧开后改小火焖熟，用水淀粉勾芡，出锅时撒葱末，淋香油即可。

烤鲶鱼 _{鱼类}

原料 鲶鱼750克

调料 葱段、孜然粉、植物油、蚝油、料酒、盐各适量

做法

1. 鲶鱼宰杀洗净，切片。

2. 鱼片加蚝油、料酒、葱段、盐、植物油、孜然粉腌渍入味。

3. 将腌好的鱼片放入烤箱，以180℃烤10分钟，取出装盘即可。

提示 根据个人口味，烤鱼的时候，可以加一些配菜一起烤。

香煎咸鱼 _{鱼类}

原料 咸鱼肉500克

调料 葱花、姜丝、干辣椒丝、植物油、醋、生抽各适量

做法

1. 咸鱼肉洗净，切段，用清水浸泡，使其回软。

2. 锅入油烧热，下入鱼，中火煎制，用筷子翻动，煎至两面泛黄时，放入姜丝、干辣椒丝，继续煎出香味，加入醋、生抽，撒入葱花即可。

提示 咸鱼肉属于腌制食品，不可多食，可偶尔调味食用。

原料 鳜鱼肉250克，油菜心250克，鸡蛋清30克

调料 葱段、姜片、鸡汤、淀粉、胡椒粉、熟芝麻、植物油、香油、料酒、盐、枸杞各适量

做法

1. 油菜心洗净，焯水，捞出，冲凉后泡水。

2. 鳜鱼肉洗净，切丝，放料酒、盐、鸡蛋清、淀粉上浆，沸水滑熟，捞出。

3. 锅入油烧热，放葱段、姜片炒香捞出，放油菜心、盐、鸡汤、料酒、胡椒粉、鱼丝，烧至入味，出锅装盘，淋香油，撒熟芝麻、枸杞即可。

鳜鱼丝油菜

功夫鳜鱼

原料 鲜鳜鱼750克

调料 姜末、干椒节、老干妈酱、淀粉、料酒、植物油、盐、花椒各适量

做法

1. 鳜鱼处理干净，去骨切片，加盐、淀粉、料酒腌渍入味。

2. 锅入水烧滚，放入鳜鱼片氽至熟透捞出。

3. 锅入油烧热，加干椒节、姜末、花椒、老干妈酱煸香，浇在鱼身上即可。

提示 将鱼去鳞剖腹洗净，放入盆中，倒一些黄酒，就可以去除鱼的腥味。

五柳开片青鱼

原料 青鱼500克，胡萝卜50克，柿子椒50克，红辣椒100克

调料 葱花、姜末、水淀粉、植物油、醋、酱油、料酒、白糖、盐 各适量

做法

1. 青鱼洗净，切片，氽熟捞出；胡萝卜、柿子椒、红辣椒分别洗净，切丝。

2. 葱花、姜末、白糖、醋、酱油、料酒、水淀粉、盐调成汁。

3. 锅入油烧热，放入胡萝卜丝、柿子椒丝、红辣椒丝稍炒，烹入调好的汁烧开，放入鱼肉，烧入味即可。

刀鱼菜心烧豆腐

原料 刀鱼1条，豆腐2块，菜心75克

调料 葱段、姜块、蒜片、水淀粉、鱼露、植物油、蚝油、酱油、绍酒、白糖、盐各适量

做法

1. 刀鱼处理干净，切块；豆腐洗净切片；菜心洗净，切段，汆水，装盘。

2. 刀鱼块、豆腐片分别入油锅炸透。

3. 锅留底油烧热，下入葱段、姜块、蒜片炝锅，烹入绍酒，加酱油、白糖、盐、蚝油、鱼露烧沸，放入刀鱼块和豆腐片，稍焖至入味、汁稠时，勾芡，淋明油，装入菜心盘中即可。

干烧鲅鱼

原料 鲅鱼1条，罐头午餐肉50克

调料 葱花、姜片、蒜末、鲜汤、泡椒、花椒粉、植物油、料酒、盐各适量

做法

1. 鲅鱼处理干净，在鱼身两边各开几个十字花刀，用料酒、姜片、葱花、花椒粉腌渍入味；午餐肉切丁。

2. 腌好的鲅鱼下热油锅炸一下，捞出沥油。

3. 锅中留少许底油烧热，放入姜片、蒜末、泡椒炒香，放入午餐肉丁稍炒，加入少许鲜汤、盐，再放入鲅鱼，烧至鲅鱼熟即可。

小炒火焙鱼

原料 火焙鱼100克，青椒200克

调料 葱丝、植物油、酱油、盐各适量

做法

1. 火焙鱼洗净，沥干水分；青椒洗净，切丝。

2. 锅入油烧至六成热，放入火焙鱼炸香。

3. 锅留底油烧热，炒香葱丝，加青椒丝、酱油、盐炒香，放入炸好的火焙鱼，炒匀即可。

提示 煎火焙鱼的时候一定要有耐心，用小火，慢火慢焙，做好的鱼才会香。

麻辣烤鱼

原料 黄花鱼1条，洋葱1个

调料 姜末、蒜末、火锅底料、豆瓣酱、豆豉、色拉油、干辣椒各适量

做法

1. 黄花鱼处理干净，沥去水分；洋葱去皮，洗净，切丝。

2. 把鱼放入盘子里，撒上姜末，淋色拉油，入烤箱烤熟。

3. 火锅底料入油锅，慢慢煸出红油，倒入豆瓣酱、豆豉、蒜末、姜末、干辣椒煸炒，倒入小半碗清水略煮片刻，取出烤鱼，浇上料汁即可。

珊瑚鱼条

原料 净鱼肉500克，冬笋丝80克，香菇丝、红辣椒丝各40克

调料 葱丝、姜丝、植物油、香油、辣椒油、料酒、白糖、盐各适量

做法

1. 将鱼肉洗净，切条，入八成热油锅略炸，捞出沥油。

2. 锅入香油烧热，放红辣椒丝、姜丝、葱丝、冬笋丝、香菇丝煸炒，烹入料酒，加入白糖、盐、清水、鱼条烧沸后撇去浮沫，用小火焖烧，待鱼条熟后改用旺火收汁，淋辣椒油即可。

孜然鱼串

原料 净鱼肉500克，鸡蛋1个

调料 姜末、葱末、蒜末、孜然、淀粉、芝麻、植物油、蚝油、生抽、白糖、盐各适量

做法

1. 净鱼肉切成0.4厘米厚的方块，加鸡蛋、盐、白糖、蚝油、生抽、淀粉腌5分钟，用竹签穿好。

2. 锅入油烧至六成热，将鱼串炸至外酥里嫩、色泽金黄，捞出沥油。

3. 锅留底油烧热，下葱末、姜末、蒜末、孜然、芝麻炒香，吃时撒在鱼串上即可。

泡菜烧鱼块 （鱼类）

原料 鲜鱼500克，泡酸菜50克，泡红辣椒3个

调料 葱花、姜末、蒜粒、高汤、面粉、水淀粉、植物油、醋、酱油、盐各适量

做法

1. 鲜鱼处理干净；在鱼身两面划数刀，抹上盐，加面粉、水淀粉挂糊。

2. 鲜鱼入油锅煎至两面金黄色铲起。原锅油烧热，下入姜末、蒜粒、泡红辣椒炸香，放入酱油、高汤、鲜鱼烧开，放入泡酸菜烧5分钟，待鱼入味，下入水淀粉收汁，烹入醋，撒上葱花，出锅即可。

豆瓣鱼 （鱼类）

原料 鲜鱼1条，香辣豆瓣100克

调料 葱花、姜米、蒜米、鲜汤、水淀粉、植物油、醋、酱油、料酒、白糖、盐各适量

做法

1. 鲜鱼处理干净，用盐、料酒抹匀；香辣豆瓣剁细。

2. 鲜鱼入油锅炸去表面水分捞出；香辣豆瓣入油锅炒至油呈红色，加姜米、蒜米、葱花炒香，放入鲜汤、酱油、料酒、醋、白糖、鲜鱼烧沸，改小火慢炖，烧至鱼肉熟软起锅装盘，放水淀粉、葱花收汁至浓稠，浇在鱼上即可。

酸菜烧鱼肚 （鱼类）

原料 泡酸菜200克，水发鱼肚250克

调料 泡辣椒段、泡生姜片、水淀粉、胡椒粉、鲜汤、猪油、盐各适量

做法

1. 水发鱼肚、泡酸菜分别洗净，切成薄片。

2. 锅入油烧热，下泡辣椒段、泡生姜片、泡酸菜片炒香，入鲜汤、胡椒粉、盐旺火烧5分钟，将泡酸菜片捞出装盘，再下入鱼肚片烧2分钟，加入水淀粉勾芡，出锅盛在泡酸菜片上即可。

腊八豆炒鱼子 （鱼类）

原料 熟鱼子300克，腊八豆100克

调料 红椒圈、青蒜段、姜末、豆瓣酱、辣椒粉、植物油、香油、醋、料酒各适量

做法

1. 锅入油烧热，放豆瓣酱、腊八豆、辣椒粉炒香，放姜末、红椒圈、醋、料酒炒香，放入熟鱼子翻炒1~2分钟。

2. 再放入青蒜段稍炒，淋香油即可。

豉辣口味虾

原料 基围虾300克，干红辣椒50克

调料 葱末、姜末、蒜末、豆豉、辣椒油、植物油、生抽、白糖、盐各适量

做法

1. 基围虾洗净，去虾线，背部划一刀，入六成热油锅中炸一下，捞出沥油。

2. 锅入油烧热，放葱末、姜末、蒜末、豆豉、干辣椒段爆香，放入基围虾、盐、白糖、生抽，旺火翻炒收汁，淋辣椒油即可。

香辣脆皮明虾

原料 虾10只，香辣酱30克

调料 葱段、姜片、蒜粒、淀粉、泡打粉、胡椒粉、花生油、红油、料酒、白糖、盐各适量

做法

1. 虾洗净去虾线，用葱段、姜片、盐、料酒、胡椒粉腌渍，将淀粉、泡打粉，加水调成脆浆糊，放入花生油调匀。虾挂脆浆糊放入热油锅中炸定型，捞出，再炸一遍。

2. 锅入红油烧热，放入葱段、姜片、蒜粒、香辣酱炒香，放入脆皮虾、料酒、白糖，炒匀即可。

辣子鸿运虾

原料 基围虾300克

调料 葱粒、姜粒、蒜粒、香菜段、干辣椒段、脆炸粉、植物油、料酒、盐各适量

做法

1. 基围虾洗净，去头开背去虾线，加入盐、料酒、葱粒、姜粒腌入味后，裹匀脆炸粉入热油锅中炸至呈金黄色捞出沥油。

2. 锅内留油少许烧至四成热，下入葱粒、姜粒、蒜粒、干辣椒段、香菜段爆香后，入基围虾旺火煸炒30秒，翻炒均匀即可。

盆盆香辣虾

原料 大虾、土豆条、香芹段各150克，炸花生米50克

调料 葱段、姜片、蒜片、干辣椒段、熟芝麻、辣椒油、植物油、生抽、料酒、白糖、盐各适量

做法

1. 大虾洗净，挑去虾线，用料酒和盐腌渍片刻。虾、土豆条分别入油锅炸熟。

2. 锅入油烧热，下入蒜片、干辣椒段、姜片炒香，下入香芹段、大虾、土豆条、生抽、白糖、盐、葱段、炸花生米、熟芝麻炒匀，淋辣椒油即可。

麻辣虾

原料 虾400克，干红椒段、青椒段各50克

调料 姜片、蒜片、泡椒酱、麻椒、酱油、植物油、料酒、白糖、盐各适量

做法

1. 虾洗净，沥干水分，背脊开边备用。

2. 锅入油烧热，放入姜片、蒜片、麻椒爆香，转小火，放入干红椒段、青椒段、泡椒酱炒出红油，放入虾煸炒，下酱油、料酒、盐、白糖调味后，出锅装盘即可。

盐酥虾

原料 溪虾100克，花生米150克

调料 葱花、姜末、蒜末、红辣椒末、生粉、胡椒盐、植物油、料酒、盐各适量

做法

1. 溪虾洗净，挑去虾线，沥干水分，加胡椒盐腌渍入味。

2. 溪虾加生粉拌匀，入油锅炸熟。

3. 锅入油烧热，放入蒜末、姜末、葱花、红辣椒末以小火爆香，放入溪虾、料酒、胡椒盐、盐，转旺火快炒约20秒，起锅前放入花生米即可。

炒小白虾

原料 小白虾300克，红杭椒圈20克

调料 香葱段、椒盐、植物油、料酒、盐各适量

做法

1. 小白虾洗净，挑去虾线，放入盐、料酒腌渍，放入热油锅中炸至呈金黄色，捞出沥油。

2. 锅入油烧热，放入香葱段、红杭椒圈、料酒爆香，加入炸好的小白虾，撒上椒盐，翻炒均匀即可。

猛子虾炒白菜

原料 猛子虾250克，白菜50克，鸡蛋3个

调料 葱花、干辣椒、熟猪油、花椒油、盐各适量

做法

1. 猛子虾洗净，挑去虾线，打入鸡蛋，放葱花搅匀，放油锅内炒至七成熟。

2. 白菜去帮留叶，洗净，撕成小片。

3. 锅内加猪油烧热，下葱花、干辣椒炒香，放入白菜叶煸炒至白菜叶变软出水时，放入炒好的猛子虾，调入盐，慢火烧透，淋花椒油即可。

泡菜炒河虾

（虾类）

原料 河虾、四川泡菜各150克、胡萝卜丁50克

调料 青椒粒、红椒粒、葱末、姜末、胡椒粉、植物油、酱油、料酒、白糖、盐各适量

做法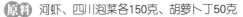

1. 河虾剪须足，去虾线，加入葱末、姜末、料酒腌渍入味；四川泡菜洗净，切小粒。

2. 河虾放入热油锅中，炸至变红壳酥捞出。

3. 油锅烧热，放入葱末、姜末爆香，放入泡菜粒、青椒粒、红椒粒、胡萝卜丁、河虾，烹入料酒、胡椒粉、酱油、盐、白糖，炒匀即可。

铁板黑椒虾鳝

（虾类）

原料 虾仁、鳝鱼段各200克，红尖椒20克

调料 葱段、姜片、黑椒、植物油、酱油、料酒、白糖、盐各适量

做法

1. 虾仁洗净，去虾线；鳝鱼段洗净，加盐、料酒腌入味；红尖椒洗净，切丝。

2. 虾仁、鳝鱼段分别入油锅滑一下，捞出沥油。

3. 锅留底油，下姜片、葱段、红尖椒丝爆香，入虾仁、鳝鱼段翻炒，加白糖、黑椒、酱油、盐调味。铁板烧热，将炒好的虾仁、鳝鱼段倒上即可。

豌豆萝卜炒虾

（虾类）

原料 虾300克，豌豆60克，泡萝卜、胡萝卜丁各30克

调料 植物油、香油、酱油、料酒、盐各适量

做法

1. 虾洗净，加料酒、盐、酱油腌渍入味；豌豆洗净，入锅煮熟；泡萝卜洗净，切成小丁。

2. 锅入油烧热，将虾炒熟，捞出。

3. 原油锅烧热，倒入泡萝卜丁、豌豆、胡萝卜丁翻炒至熟，加入虾再炒几下，装盘淋香油，即可。

酸萝卜炒虾仁

（虾类）

原料 虾仁300克，酸萝卜30克，西蓝花50克

调料 蒜末、水淀粉、植物油、盐各适量

做法

1. 虾仁用牙签挑去虾线，洗净，从脊背划一刀；酸萝卜洗净，切菱形块；西蓝花掰小朵，洗净。

2. 锅中放入清水烧沸，放入虾仁、酸萝卜块、西蓝花焯烫一下，捞出待用。

3. 锅中放入植物油烧热，下入蒜末爆香，再放入虾仁、西蓝花、酸萝卜块、盐翻炒入味，用水淀粉勾芡，起锅装盘即可。

干锅香辣虾

原料 南极虾200克，芹菜段、胡萝卜段、莴笋段各50克

调料 葱段、姜末、蒜片、香菜段、香辣酱、豆瓣酱、豆豉、香叶、辣椒油、植物油、白糖、盐各适量

做法

1. 南极虾洗净，挑去虾线，入油锅旺火爆至外表发白，捞起。

2. 将香辣酱、豆瓣酱、豆豉分别剁碎。

3. 锅入油烧热，爆香葱段、姜末、蒜片，入香辣酱、豆瓣酱、豆豉、香叶，煸出红油后入辣椒油、白糖、盐、胡萝卜段、莴笋段、芹菜段，改中火，放入虾使料汁都附在虾上，撒上香菜段即可。

虾仁辣白菜

原料 虾仁、白菜各200克，红杭椒段20克

调料 葱、姜、香菜段、干辣椒段、辣椒油、植物油、盐各适量

做法

1. 白菜洗净，撕成块；葱、姜洗净，切成末。

2. 虾仁洗净去掉虾线，用沸水焯一下捞出。

3. 锅入油烧热，倒入辣椒油、干辣椒段、红杭椒段、葱末、姜末煸炒出香味，倒入白菜、盐、虾仁翻炒，出锅前撒上香菜段即可。

特点 辣香浓郁，色美味鲜。

虾仁花椒肉

原料 猪肉500克，虾仁100克，干辣椒10个，鸡蛋清1个，黄瓜丁50克

调料 葱末、姜末、高汤、花椒、植物油、酱油、绍酒、白糖、盐各适量

做法

1. 虾仁洗净；猪肉洗净切丁，用盐、绍酒、葱末、姜末、酱油、蛋清拌匀，腌渍入味；干辣椒去蒂、籽，洗净切段。

2. 肉丁、虾仁分别入油锅滑油。

3. 锅留油烧热，下干辣椒段、花椒炒至呈棕红色时，将白糖、酱油、盐、高汤及猪肉丁下锅，待汁收浓、猪肉丁软和时，加入虾仁、黄瓜丁，略炒起锅即可。

马蹄虾仁

（原料）虾仁300克，马蹄100克，鸡蛋清1个，青豆10克

（调料）葱段、姜片、鸡汤、淀粉、植物油、料酒、盐各适量

（做法）

1. 虾仁洗净，沥干水分；马蹄去皮，洗净，切成小方丁；青豆洗净，煮熟。

2. 虾仁加盐、料酒、鸡蛋清、淀粉拌匀腌渍。把葱段、姜片、料酒、盐、鸡汤、淀粉放碗内调成汁。

3. 锅入油烧热，将虾仁放入煸炒至七成熟，放入青豆、马蹄略炒，倒入调好的汁，炒匀即可。

松仁虾球

（原料）虾仁300克，熟青豆、松仁、枸杞各10克，鸡蛋清50克

（调料）葱花、姜片、水淀粉、植物油、香油、料酒、盐各适量

（做法）

1. 虾仁洗净挑去虾线，加入盐、料酒、水淀粉、鸡蛋清上浆，入温油锅中滑熟，捞出沥油。

2. 锅入油烧热，烹入料酒、葱花、姜片爆香，放入虾仁、熟青豆、枸杞，加入盐调味，用水淀粉勾芡，撒松仁，淋香油即可。

（提示）烹调虾仁之前，可以先用泡桂皮的沸水把虾仁冲烫一下，味道会更鲜美。

宫保虾仁

（原料）虾仁300克，鸡蛋清40克，去皮炸花生米适量

（调料）蒜泥、淀粉、干辣椒段、花椒粉、糖色、油、醋、酱油、料酒、白糖、盐、香油各适量

（做法）

1. 虾仁洗净，用鸡蛋清、淀粉、盐拌匀。将酱油、料酒、白糖、醋、糖色、淀粉、香油调成味汁。

2. 锅入油烧热，放入虾仁，旺火炸至八成熟，捞起沥干。

3. 锅中留少许油，爆香干辣椒段、蒜泥、花椒粉后，倒入虾仁翻炒，淋入调好的味料、去皮花生米，拌炒均匀即可。

菊花虾仁

原料 虾仁400克，白菊花瓣15克，熟青豆10克

调料 葱末、姜末、蒜末、清汤、鸡蛋清、水淀粉、植物油、香油、料酒、盐各适量

做法

1. 虾仁洗净，加鸡蛋清、盐、料酒、水淀粉，拌匀上浆；用清汤、料酒、盐、水淀粉调成味汁。

2. 浆好的虾仁入油锅，炒至断生，捞出。

3. 锅内放少许油，用葱末、姜末、蒜末炸出香味，入青豆、虾仁煸炒一会儿，倒入味汁，快速翻炒至熟，淋入香油，撒白菊花瓣即可。

腰果炒虾仁

原料 虾仁300克，炸腰果仁30克，青椒丁、红椒丁、火腿丁20克

调料 葱花、姜片、蒜粒、水淀粉、鸡蛋清、植物油、香油、料酒、盐各适量

做法

1. 虾仁洗净，加盐、料酒、水淀粉、鸡蛋清上浆，入温油锅中滑熟，捞起沥油。

2. 锅入油烧热，放入葱花、姜片、蒜粒、料酒爆香，放入青椒丁、红椒丁、火腿丁、虾仁翻炒，加入盐调味，用水淀粉勾芡，淋香油，撒上炸腰果仁炒匀，出锅即可。

功效 滋补肝肾，增强体力。

草菇虾仁

原料 虾仁300克，草菇150克，胡萝卜半根

调料 葱段、胡椒粉、植物油、料酒、盐各适量

做法

1. 虾仁洗净，沥干水分；草菇洗净，加盐焯烫，捞出冲凉；胡萝卜去皮，洗净，切片。

2. 锅入油烧热，放入虾仁炸至变红时捞出，余油倒出，另用油炒葱段、胡萝卜片和草菇，将虾仁回锅，加入盐、料酒、胡椒粉同炒至熟，盛出即可。

特点 洁白如玉，口感爽滑。

原料 虾仁200克，豌豆50克，鸡蛋清75克

调料 葱花、姜片、蒜粒、高汤、水淀粉、白糖、胡椒粉、植物油、香油、料酒、盐各适量

做法

1. 虾仁洗净，切段，加入鸡蛋清、盐、水淀粉腌渍；豌豆放入沸水锅中，加入白糖、盐焯熟。

2. 将虾仁下入油锅中滑至八成熟，捞出。

3. 锅留底油烧热，下入葱花、姜片、蒜粒爆香，倒入虾仁、豌豆，加入料酒、高汤，再加入盐、白糖、胡椒粉、水淀粉炒匀，淋上香油，装盘即可。

翡翠虾仁

甜辣虾球

锅巴虾仁

原料 虾仁300克，鸡蛋3个

调料 蒜末、淀粉、甜辣酱、胡椒粉、植物油、料酒、白糖、盐各适量

做法

1. 虾仁洗净，加料酒、盐、胡椒粉腌渍入味。

2. 将鸡蛋加淀粉调成糊状，放入虾仁挂匀，入油锅中炸至外皮金黄捞出，摆盘。

3. 将蒜末入油锅中炒香，加入甜辣酱、白糖炒匀，浇在炸好的虾仁上即可。

提示 不食用的鲜虾，去虾肠后洗净，用开水汆一下，待虾冷却后用保鲜袋装好，放入冰箱冷冻保存。

原料 虾仁250克，豌豆100克，锅巴15块

调料 高汤、水淀粉、番茄酱、植物油、醋、料酒、白糖、盐各适量

做法

1. 虾仁洗净，加盐、料酒腌渍；豌豆煮熟凉凉。

2. 锅入油烧热，将虾仁炸至八成熟沥油。炒锅内留一点油，放入虾仁爆炒，盛出。

3. 锅入高汤，加番茄酱、醋、白糖煮开，加盐，勾芡，倒入虾仁、豌豆炒匀盛入碗中。

4. 锅巴入油锅炸至呈金黄捞出，放入盘中，与虾仁一起上桌，虾仁淋在锅巴上即可。

豆瓣脆虾仁

原料 虾仁300克，青豆150克

调料 葱末、调料A(胡椒、料酒、盐)、调料B(姜泥、蒜泥、豆瓣酱、番茄酱)、淀粉、鸡蛋清、高汤、胡椒、植物油、醋、白糖各适量

做法

1. 虾仁洗净，加入调料A和鸡蛋清拌匀，放入热油锅中炸至变色，捞出沥干摆盘。

2. 将调料B炒香，加鸡蛋清、高汤、胡椒、植物油、醋、料酒、白糖、盐、青豆、水烧开，撒葱末，勾芡，淋入植物油，加醋出锅，浇在炸好的虾仁上即可。

虾酿黄瓜

原料 黄瓜、虾仁、五花肉粒、蘑菇粒、鲜笋粒各60克

调料 鸡汤、豆粉、水淀粉、鸡蛋清、鸡油、料酒、盐各适量

做法

1. 取碗一只，放入蘑菇粒、鲜笋粒、五花肉粒，加盐、料酒、鸡蛋清、豆粉拌匀成馅。

2. 黄瓜洗净，切段，去瓤稍煮，再填入馅心至平，上面摆上虾仁，入笼蒸5分钟，取出摆盘。

3. 锅内加入鸡汤烧沸，放盐、料酒、水淀粉勾成芡汁，加入鸡油，起锅淋在黄瓜上即可。

海鲜爆甜豆

原料 鲜虾、墨鱼仔、鲜鱿鱼、甜豆、青椒、红椒各80克

调料 植物油、香油、盐、蒜油各适量

做法

1. 鲜虾洗净，挑去虾线，焯熟，剥壳取肉；鲜鱿鱼洗净，切块，再改切麦穗花刀；墨鱼仔洗净，备用。

2. 甜豆洗净，焯熟；青椒、红椒洗净，切段。

3. 锅入油烧热，放虾肉、鲜鱿鱼、黑鱼仔，炒至将熟，下青、红椒段、甜豆、香油、蒜油、盐调味，旺火爆炒均匀，装盘即可。

原料 基围虾400克，红椒米、洋葱米各10克

调料 葱花、蒜末、姜末、清汤、椒盐、海鲜汁、红油、植物油、香油、白糖、粗盐各适量

做法

1. 基围虾去须，洗净，用竹签从尾部穿到头部，入油锅中小火炸至酥，取出，**叠摆在锡纸上**。

2. 锅入红油烧至六成热，放蒜末、姜末炒香，加洋葱米、红椒米小火翻炒，放椒盐、清汤，放入白糖、海鲜汁，小火烧开成汁，浇淋在虾仁上，淋香油，撒葱花，包紧锡纸放入竹篮中。

3. 锅上火烧红，将粗盐倒入锅中，小火翻炒至水分干，盐温很高时出锅，放在包好虾的锡纸上即可。

洞庭串烧虾

蒜香烧虾

干烧大虾

原料 明虾6尾，蒜瓣12个，红辣椒、鸡蛋清各1个

调料 葱丝、淀粉、植物油、蚝油、香油、米酒、白糖、盐各适量

做法

1. 明虾修剪虾须，带壳剖背去虾线洗净，加入鸡蛋清、淀粉拌匀腌渍；红辣椒洗净，切段。

2. 明虾入热油中，以旺火炸至外表金黄。

3. 锅留油烧热，爆香蒜瓣、红辣椒段，炒香蚝油，淋上米酒，加1杯半水，煮滚后加入白糖、盐调味，再放入炸过的虾烧至收汁，起锅前放入葱丝，淋香油即可。

原料 明虾400克

调料 葱末、姜末、蒜末、番茄酱、豆瓣辣酱、植物油、酱油、料酒、白糖、盐、水淀粉、高汤各适量

做法

1. 明虾去须，洗净，剪开虾背，抽去虾线，入油锅煎熟。

2. 锅入油烧热，爆香葱末、姜末、蒜末，加番茄酱、豆瓣辣酱炒匀，再入料酒、盐、酱油、白糖、高汤与明虾同烧，滚后改小火炖煮，待汤汁快干时加入水淀粉勾芡即可。

白菜樱花虾

原料 油豆腐5片，白菜400克，樱花虾100克

调料 葱花、姜片、植物油、盐、清汤各适量

做法

1. 油豆腐洗净，入沸水中烫一下，去除油渍，捞起沥干，切条。

2. 白菜洗净后放入沸水中烫一下，捞起沥干，切段；樱花虾洗净，挑去虾线，焯水沥干。

3. 锅入油烧热，放葱花、姜片爆香，放入樱花虾爆炒后，加入白菜、油豆腐条、清汤，放入盐调味，烧至白菜变软出锅即可。

生焖大虾

原料 大虾500克

调料 葱段、姜片、鲜汤、水淀粉、番茄酱、熟猪油、香油、绍酒、白糖、盐各适量

做法

1. 大虾剪去虾足、虾须，挑去虾线，洗净。

2. 锅入猪油烧热，下入葱段、姜片炝香，下入大虾煎至变色，烹入绍酒略焖，加入鲜汤、盐、番茄酱、白糖焖熟，用水淀粉勾薄芡，淋入香油即可。

特点 色红明亮，汁浓味醇。

黄焖带皮虾

原料 大虾500克，黄瓜100克，水发木耳20克

调料 葱末、姜末、高汤、植物油、料酒、盐各适量

做法

1. 大虾洗净，去虾须，挑去虾线；木耳、黄瓜分别洗净，切片。

2. 锅入油烧热，放入虾仁煸炒，待虾颜色变红、吐油时，放入葱末、姜末、木耳片、黄瓜片稍炒，烹入料酒，加入高汤、盐烧开，改小火慢炖，待虾仁焖透，改用中火，将汁收稠，装盘即可。

酥炸虾段

原料 大青虾400克，鸡蛋1个

调料 面粉、淀粉、花椒盐、番茄沙司、植物油、盐各适量

做法

1. 大青虾洗净，挑去虾线，去头及外皮，留尾，加盐略腌；鸡蛋打散加入淀粉、面粉调成蛋酥糊，将大青虾挂匀蛋酥糊。

2. 锅入油烧热，放入挂匀蛋酥糊的大青虾，用中火炸至熟透，再转旺火炸至金黄、酥脆。

3. 捞出炸好的大虾，沥油，码盘。番茄沙司、花椒盐盛在小碟中，与大青虾一起食用即可。

香葱软炸虾

原料 速冻虾仁300克，香葱末40克，鸡蛋2个

调料 淀粉、鸡蛋、植物油、料酒、盐各适量

做法

1. 将虾仁化冻，洗净，加入盐、料酒腌一下。

2. 将腌好的虾仁加入淀粉、鸡蛋挂糊，放入香葱末。

3. 锅入油烧至六成热，将挂好糊的虾仁逐个下入锅中炸至虾仁呈金黄时，捞出装盘即可。

功效 补肾壮阳，增强免疫力。

软炸虾仁

原料 虾仁200克，鸡蛋清30克，面粉50克

调料 淀粉、花椒盐、植物油、料酒、盐各适量

做法

1. 虾仁洗净，入碗中，加盐、料酒搅匀。

2. 碗中加入鸡蛋清、面粉、淀粉、少许水调匀成薄糊。

3. 锅入植物油烧热，将虾仁拌入薄糊，逐个下入油锅中，炸至九成熟时捞出装盘即可，与花椒盐一起食用。

提示 搅鸡蛋清时要顺着一个方向用力，一直搅到筷子可以立住为止。

天妇罗炸虾

虾类

原料 虾340克，钙奶饼干32片，鸡蛋1个

调料 杏仁露、太白粉、番茄酱、植物油、醋、红糖各适量

做法

1. 钙奶饼干捣碎，鸡蛋打散；将饼干碎、鸡蛋、水拌匀；虾去皮、虾线，洗净。

2. 杏仁露加太白粉拌匀，再加红糖、醋、番茄酱拌匀。将混合物放在中火上加热，不断搅拌，直到变稠，即将沸腾，从火上移开，搁一旁。

3. 在一个深的炸锅里，放入植物油烧热，将虾放入钙奶饼干混合面糊里裹上一层面浆，然后下油锅里炸，一次排4~6个虾，直到虾呈金黄色，沥干油，蘸上调料趁热吃。

蒜末蒸大虾

虾类

原料 大虾300克，蒜50克

调料 葱花、红椒丝、辣酱、生抽、白糖、盐各适量

做法

1. 大虾划开虾背，去虾肠，洗净，用布吸干水分；蒜头去皮，拍碎。

2. 大虾装入盘中，把蒜末、红椒丝放在大虾上面，用保鲜纸包裹，留一开口处疏气，高火煮熟，取出。

3. 将葱花、蒜末、红椒丝、辣酱、生抽、白糖、盐放入碗中，盖上保鲜膜，留一开口处疏气，高火煮1分钟，取出，淋在大虾上即可。

虾仁蒸豆腐

虾类

原料 虾仁、豆腐各500克，鸡蛋3个

调料 葱汁、姜汁、水淀粉、香油、料酒、盐各适量

做法

1. 豆腐洗净切成丁，放入沸水中略烫捞出。

2. 将鸡蛋磕入大碗中，加入葱汁、姜汁、盐、清水，用水淀粉勾芡，再放入豆腐丁搅匀。

3. 虾仁洗净，放入小碗中，加盐、料酒腌渍入味，整齐地摆放在豆腐丁鸡蛋液上。

4. 将盛豆腐的大碗放入蒸笼中，中火蒸15分钟取出，淋入香油即可。

番茄虾仁烩锅巴

原料 虾仁200克，番茄、木耳、莴笋、锅巴各20克，鸡蛋清30克

调料 淀粉、白糖、色拉油、盐、姜片各适量

做法

1. 虾仁洗净，加入盐、鸡蛋清、淀粉拌匀；木耳洗净，撕成小朵；莴笋洗净，去皮，切丁；番茄洗净，切丁。

2. 虾仁入油锅滑炒捞出沥油，再放入锅巴炸至金黄酥脆，捞出装盘。

3. 锅入油烧热，入番茄煸香，加清水、木耳、姜片、虾仁、莴笋，用白糖、盐调味，勾芡后放入炸好的锅巴，烧烩片刻即可。

奶汁虾仁

原料 虾仁300克，青豆10粒，鲜牛奶200克，火腿末适量

调料 清汤、水淀粉、植物油、料酒、盐各适量

做法

1. 虾仁洗净，加盐、料酒、水淀粉上浆，入油锅中滑熟，捞出沥油；鲜牛奶倒入器皿中，放入盐、水淀粉调成牛奶糊；青豆洗净。

2. 油锅烧热，将牛奶糊倒入油中搅匀，用勺慢慢推动成雪白块状，浮在油面上，捞出沥油。

3. 锅内留余油烧热，入清汤、盐、料酒，烧开后用水淀粉调成稀芡，倒入奶块、虾仁、青豆，装入盘中，撒火腿末即可。

双虾丝瓜水晶粉

原料 虾仁300克，海米、丝瓜各100克，柿子椒、粉丝各50克

调料 姜末、植物油、白糖、盐各适量

做法

1. 丝瓜去皮，洗净，切成粗条；柿子椒洗净，切条；虾仁洗净，去除虾线；粉丝、海米用温水泡软，备用。

2. 锅入油烧热，下姜末、海米煸炒，放入丝瓜，倒适量清水，加白糖、盐调味，放入粉丝旺火烧开，待粉丝煮熟后和丝瓜一起捞出放在盘中。锅中留原汤，放入柿子椒、虾仁煮熟，和汤一起浇在粉丝上即可。

炒螃蟹

原料 螃蟹2只

调料 葱花、姜片、蒜末、鲜汤、淀粉、海鲜酱、胡椒粉、干辣椒节、辣椒油、花椒油、植物油、香油、料酒、盐各适量

做法

1. 螃蟹处理干净，斩成块，加入盐、料酒拌匀，入油锅炸至熟。

2. 锅入油烧至四成热，投入干辣椒节炒香，掺入鲜汤，略烧片刻，再下姜片、葱花、蒜末、螃蟹，放入盐、料酒、海鲜酱烧约2分钟后，勾薄芡，加入香油、花椒油、辣椒油、胡椒粉翻匀即可。

蛋包醋蟹

原料 梭蟹300克，鸡蛋3个

调料 葱粒、姜粒、蒜粒、淀粉、植物油、醋、酱油、白糖各适量

做法

1. 梭蟹洗净，去鳃，沥干斩件；鸡蛋打散，加淀粉调成蛋糊。

2. 将鸡蛋煎成单面的煎蛋，摆放在盘中。

3. 锅入油烧热，将蟹件蘸满蛋糊放入滚油中炸熟捞起。锅留底油，爆香姜粒、蒜粒，下醋、白糖、酱油煮沸，放入炸好的蟹件翻炒，直至每个蟹件都粘上汁，盛放在煎蛋中央，撒上葱粒即可。

小蟹炒牛肝菌

原料 牛肝菌、小蟹子各200克，熟白芝麻5克

调料 香葱末、辣酱、花椒粒、辣椒油、植物油、酱油、白糖、盐各适量

做法

1. 牛肝菌洗净，去蒂，切片；小蟹冲洗干净，入沸水中烫熟。

2. 油锅烧热，炒香花椒粒、熟白芝麻、辣酱，下入小蟹、牛肝菌片、酱油、白糖、盐、水烧至入味，出锅时淋辣椒油，撒入香葱末即可。

特点 色泽红润，菜鲜辣香。

原料 螃蟹350克

调料 香菜段、水淀粉、植物油、酱油、料酒、盐各适量

做法

1. 螃蟹洗净，斩块，用盐、酱油腌渍片刻；料酒、盐、水淀粉加清水调成芡汁。

2. 锅入油烧至三成热，将螃蟹块蘸上少许水淀粉入锅，炸熟至外表呈火红色。

3. 将芡汁淋在螃蟹块上，翻炒均匀，盛入盘中，撒上香菜段即可。

农家酱蟹

蟹类

香辣蟹

蟹类

咖喱焗肉蟹

蟹类

原料 螃蟹2只

调料 葱花、姜片、蒜片、高汤、淀粉、豆瓣、花椒、干辣椒段、植物油、料酒、盐各适量

做法

1. 活螃蟹宰杀洗净，斩成4厘米大小的块。

2. 锅入油烧至七成热，放螃蟹块炸酥至熟捞起。

3. 炒锅留少许余油，下豆瓣、姜片、葱花、蒜片、干辣椒段、花椒，炒香呈红色，倒入高汤，下肉蟹，烹料酒、放盐，烧入味，勾芡收汁即可。

提示 螃蟹切成大小一致的块状，更容易入味。

原料 肉蟹300克，鸭蛋2个，尖椒4个，洋葱1个

调料 黑胡椒粉、干淀粉、咖喱、植物油、红油、盐各适量

做法

1. 鸭蛋打散；尖椒洗净，切圈；洋葱去皮洗净，切末；肉蟹处理干净，斩件，撒干淀粉入油锅炸熟。

2. 锅入油烧热，炒香洋葱末，放入咖喱、黑胡椒粉炒香，放入肉蟹块炒匀，慢慢下入鸭蛋液使之与蟹肉相连，撒上尖椒圈，放盐炒匀，淋少许红油即可。

膏蟹炒年糕 蟹类

原料 膏蟹350克，年糕80克

调料 姜、植物油、酱油、白糖、盐各适量

做法

1. 膏蟹洗净，斩块；姜洗净，切片；年糕洗净，切片，入水中煮熟，捞出，沥干水分。

2. 锅入油烧至六成热，下入姜片炒香，加入膏蟹炒至呈火红色，入酱油、白糖、盐调味，放入年糕炒均匀，盛入盘中即可。

提示 蒸螃蟹时，应将蟹捆住，以防蒸后掉腿和流黄。此外，若食蟹中毒，可将生藕或生姜捣烂，绞汁服用。

回锅肉炒蟹 蟹类

原料 肉蟹400克，带皮五花肉200克

调料 葱粒、姜粒、蒜粒、豆瓣酱、老干妈辣酱、豆豉酱、五香粉、辣椒油、植物油、料酒、白糖各适量

做法

1. 肉蟹洗净，剥壳，将蟹肉剁成块；带皮五花肉放水中，旺火煮8分钟至六成熟，取出切长片。

2. 锅入油烧热，放蟹块小火滑1分钟，捞出沥油；五花肉片放入锅内，煸炒成灯盏状，捞出沥油。

3. 锅留余油烧热，放入葱粒、姜粒、蒜粒、豆瓣酱、豆豉酱、老干妈辣酱、料酒爆香，放入蟹块、五花肉片、白糖、五香粉调味后翻炒均匀，淋上辣椒油，出锅即可。

炸海蟹 蟹类

原料 海蟹2只

调料 辣椒粉、水淀粉、植物油、料酒、盐各适量

做法

1. 海蟹去掉脐、蟹盖，去腮，洗净，剁成两块，放盆中，加料酒、盐、辣椒粉腌渍片刻。

2. 锅入植物油烧至八成热，将海蟹刀口断面处蘸水淀粉后，入油中炸至呈金黄色时捞起，两半蟹拼好码入盘中，蟹盖也入油中炸成赤色，盖在炸蟹上恢复原样即可。

提示 螃蟹的鳃、沙包、内脏含有大量细菌和毒素，吃时一定要去掉。

原料 蟹2只，青杭椒、红杭椒各100克

调料 植物油、醋、老抽、料酒、盐各适量

做法

1. 蟹洗净，用热水焯过后，捞起剁块，沥干；青、红杭椒洗净，切段。

2. 锅入油烧热，放入氽好的蟹、青红杭椒段爆炒至呈金黄色，加入盐、醋、老抽、料酒，炒至蟹熟时装盘即可。

提示 选购海蟹时，如果闻到海蟹有腥臭味，说明海蟹已腐败变质，不能再食用。

酱香蟹

麻辣蛏子

原料 蛏子400克

调料 姜丝、蒜粒、香葱末、干辣椒、花椒粒、胡椒粉、植物油、料酒、盐各适量

做法

1. 蛏子洗净，倒入沸水中氽一下，壳子打开就马上捞出。去掉蛏子肉边缘的黑线，沥干水分。

2. 锅入油烧热，放入干辣椒、花椒粒、姜丝、蒜粒、料酒爆香，倒入蛏子，旺火爆炒，放盐、胡椒粉，撒香葱末即可。

琥珀蜜豆炒贝参

原料 核桃仁150克，熟白芝麻50克，豆角350克，北极贝300克，海参200克

调料 植物油、白糖、盐各适量

做法

1. 北极贝洗净，沥干。海参洗净，切条，焯水捞出。豆角洗净，切段，焯水沥干。

2. 锅倒白糖烧热，放入核桃仁炒至上糖色捞出，粘上熟白芝麻。

3. 锅入油烧热，倒入豆角煸炒，加入海参、北极贝翻炒，调入盐入味，撒核桃仁炒匀即可。

鲍鱼焖土豆

原料 鲍鱼4只，土豆300克，五花肉50克

调料 葱花、姜片、香菜段、八角、植物油、酱油、白糖、盐各适量

做法

1. 鲍鱼洗净，去壳；土豆去皮，洗净，切滚刀块。五花肉洗净，切小方块。

2. 锅入油烧热，放入五花肉块煸炒变色，放入葱花、姜片、八角爆香，加入酱油炒出酱香味，放入土豆块、水、盐、白糖，开锅后加盖焖5分钟，放入鲍鱼，再烧2分钟，撒香菜段即可。

爆炒蛏子

原料 蛏子500克，红杭椒丁10克

调料 葱末、蒜末、植物油、酱油、料酒、盐各适量

做法

1. 蛏子洗净，放入温水中氽一下，捞起备用。

2. 锅入油烧热，加入蒜末炒香，再放入氽过的蛏子翻炒，加盐、酱油、料酒，旺火爆炒入味，撒葱末、红杭椒丁即可。

提示 烹调蛏子前，将蛏子用水多冲洗几遍，将其吐出来的泥沙全冲洗掉，否则会影响口感。

泡椒百合炒带子

原料 带子（鲜贝）3只，鲜百合、芹菜、泡椒各20克

调料 葱花、水淀粉、植物油、料酒、盐各适量

做法

1. 带子洗净泥沙，加料酒、水淀粉抓匀；鲜百合择成片状，刮去黑膜，洗净；芹菜洗净，切段。

2. 锅入油烧热，炒香葱花、泡椒，加入带子炒至七成熟，放入鲜百合、芹菜段略炒，放盐调味，用水淀粉勾芡即可。

豉椒带子蒸豆腐

原料 内酯豆腐1盒，带子（鲜贝）2只

调料 香葱末、蒜末、豆豉、泡椒酱、花生油、盐各适量

做法

1. 豆腐洗净，切成厚片，抹少许盐摆入盘中；带子洗净泥沙，抹少许盐、油，放豆腐上。

2. 将蒜末、豆豉、泡椒酱拌匀涂抹在带子上，入蒸锅蒸6分钟拿出。

3. 另起锅，将适量花生油烧热，浇在带子上，撒香葱末即可。

鸡腿菇炒螺片 （贝类）

原料 鸡腿菇200克，山药200克，海螺片300克，彩椒15克

调料 植物油、醋、生抽、盐各适量

做法

1. 鸡腿菇泡发洗净，切片；海螺片洗净；彩椒洗净，切片；山药去皮、洗净、切片。

2. 锅入油烧热，放入海螺片炒至变色后，加入鸡腿菇片、山药片、彩椒片炒匀。

3. 炒熟后，加盐、醋、生抽炒匀即可。

木耳海螺肉 （贝类）

原料 海螺肉200克，黄瓜100克，水发木耳、胡萝卜各50克

调料 葱末、姜末、肉汤、植物油、鸡油、料酒、盐各适量

做法

1. 黄瓜洗净，切片；水发木耳洗净，切小片；胡萝卜洗净，切片；海螺肉去内脏，切片，汆水。

2. 锅中加肉汤、木耳、胡萝卜片、料酒、盐、姜末，烧沸后撇去浮沫，放入海螺肉和黄瓜片炒匀，撒上葱末，淋上鸡油即可。

辣炒海螺 （贝类）

原料 海螺肉250克，红尖椒20克

调料 辣椒酱、植物油、白糖、盐各适量

做法

1. 海螺肉洗净，切片；红尖椒洗净，切块。

2. 锅中加水，水开后放海螺肉烫一下捞出。

3. 锅入油烧热，放辣椒酱爆香，加入海螺片，红尖椒炒熟，放入盐、白糖，翻炒均匀即可。

荷兰豆响螺片 （贝类）

原料 响螺肉500克，荷兰豆100克

调料 水淀粉、植物油、醋、酱油、料酒、盐各适量

做法

1. 响螺肉洗净，切片；荷兰豆洗净，去老筋，切段，入沸水烫熟后，捞出装盘。

2. 锅入油烧热，放入响螺片，烹入料酒，加酱油、醋、盐翻炒均匀，以水淀粉勾芡，装在盘中的荷兰豆上即可。

香辣螺花

原料 海螺500克，青杭椒丁、红杭椒丁50克，熟白芝麻10克

调料 姜末、辣椒油、植物油、生抽、盐各适量

做法

1. 海螺洗净，去壳去内脏，海螺肉切方块，切十字花刀。

2. 改好刀的大海螺肉入沸水中氽一下，捞出沥水。

3. 锅入油烧热，用姜末、青红杭椒丁炝锅，加入大海螺肉、盐、生抽炒熟，淋辣椒油，撒熟白芝麻即可。

麻辣香螺肉

原料 香螺400克，红杭椒20克

调料 葱段、蒜片、辣椒油、植物油、生抽、白糖、盐各适量

做法

1. 香螺洗净，氽水去壳留肉；红杭椒洗净，切斜段。

2. 锅入油烧热，放葱段、蒜片、红杭椒段爆香，加香螺肉，放入生抽、盐、白糖，淋辣椒油，翻炒均匀即可。

青椒炒河螺

原料 青椒50克，河虾、小河螺、韭菜各150克

调料 植物油、香油、酱油、盐、干辣椒段各适量

做法

1. 青椒洗净，切块；韭菜择洗干净，切段。

2. 河虾洗净剪掉头上带刺的部分，河螺洗净剪去螺尾。

3. 锅入油烧热，按次序放入青椒块、干辣椒段、河螺、河虾翻炒，再放入韭菜同炒，炒熟后，放盐、酱油，淋香油，炒拌均匀即可。

酱爆小花螺

原料 小花螺500克，生菜200克

调料 红椒、植物油、醋、酱油、盐各适量

做法

1. 小花螺洗净；生菜洗净，铺于盘底；红椒洗净，切丝。

2. 锅入油烧热，放入小花螺炒至变色后，加入红椒丝炒匀，炒熟后，加入盐、醋、酱油调味，起锅放在盘中生菜上即可。

辣酒烧田螺 （贝类）

原料 田螺500克，青、红辣椒各10克

调料 姜片、蒜头、植物油、辣椒油、料酒、白酒、盐各适量

做法

1. 田螺洗净泥沙；青、红辣椒洗净，切片。

2. 锅入油烧热，爆香姜片、蒜头，下料酒、白酒，加水，等水烧开后，把田螺放下去，烧至入味，收汁之后。

3. 把切好的青红辣椒片放入锅中，翻炒，调入盐炒匀，淋辣椒油即可。

红烧海螺 （贝类）

原料 海螺肉250克，菜心、冬笋、水发冬菇各50克

调料 葱花、蒜片、清汤、水淀粉、植物油、鸡油、酱油、料酒、白糖、盐各适量

做法

1. 海螺肉洗净分为两片，剞十字花刀，再切块，加水淀粉调匀，入热油锅稍炸，捞起沥油；菜心洗净，切段；冬笋洗净，切片。

2. 锅入油烧热，入葱花、蒜片炸香，加清汤、白糖、酱油、盐、冬菇、冬笋、海螺肉、菜心、料酒，小火煨3分钟，勾芡，淋鸡油即可。

辣炒文蛤 （贝类）

原料 文蛤500克，青、红杭椒各20克

调料 葱花、姜片、蒜末、辣椒酱、植物油、白糖、盐各适量

做法

1. 文蛤洗净泥沙，入沸水中氽一下；青、红杭椒洗净，切斜段。

2. 锅入油烧热，放葱花、姜片、蒜末、辣椒酱爆香，放入文蛤和青红杭椒段，加入盐、白糖翻炒，盖锅盖焖2分钟，待文蛤开口，装盘即可。

姜葱炒蛤蜊 （贝类）

原料 蛤蜊400克

调料 香菜段、葱段、姜片、植物油、蚝油、香油、料酒、盐各适量

做法

1. 蛤蜊放入清水中，加入适量盐，待其吐尽泥沙，洗净。

2. 锅入油烧热，放入姜片爆香，放入蛤蜊爆炒，再下葱段、香菜段、料酒、蚝油、盐炒匀，淋上香油，出锅装盘即可。

九味金钱带子

原料 带子（鲜贝）400克，鸡蛋清1个

调料 姜末、蒜泥、香葱末、辣椒酱、红椒粒、花椒粉、淀粉、油、香油、醋、料酒、白糖、盐各适量

做法

1. 带子洗净，晾干。将鸡蛋清、盐、淀粉调匀，把带子上浆。辣椒酱、醋、盐、白糖、淀粉、香油调成味汁。

2. 带子下入油锅中滑熟，捞出。

3. 锅留余油烧热，下入花椒粉、姜末、蒜泥、红椒粒煸炒出香辣味，放入带子炒匀，烹入料酒，加入兑好的汁翻炒，撒香葱末即可。

奶汤干贝烧菜花

原料 干贝、菜花各200克，鸡肉、火腿各50克，油菜叶适量

调料 葱末、姜末、姜汁、奶汤、熟猪油、盐各适量

做法

1. 菜花洗净，掰小朵，焯水冲凉沥干；干贝泡水回软，撕丝；鸡肉煮熟，切粒；火腿切粒；油菜叶洗净，焯水沥干，备用。

2. 锅入熟猪油烧热，放葱姜末小火炒香，倒入奶汤，加盐、姜汁调味，撇沫，将焯好的油菜叶及菜花下入汤中，放入干贝丝、鸡肉粒、火腿粒，汤烧开入味后盛碗即可。

干贝汁焖冬瓜

原料 冬瓜300克，干贝30克

调料 姜片、植物油、蚝油、盐各适量

做法

1. 冬瓜洗净，去皮切块；干贝温水泡软，捞出撕散，汤汁留用。

2. 锅内放少量植物油烧热，放姜片，爆香后加入冬瓜块翻炒。

3. 加入适量盐、蚝油、干贝汤，搅拌均匀后盖上锅盖，焖至汁浓，撒干贝丝即可。

（原料）扇贝肉500克，野山菌100克

（调料）香菜末、蒜末、辣酱、水淀粉、植物油、香
油、生抽、盐各适量

（做法）

1. 扇贝肉洗净，放入沸水中汆熟，捞出沥干，装入
盘中。

2. 野山菌洗净，用沸水焯烫，捞出沥干。

3. 锅内油烧热，下入蒜末、辣酱炒香，放入野山
菌，加入盐、生抽炒匀，烧至入味，勾薄芡，
淋入香油，撒上香菜末，盛在扇贝肉上即可。

野山菌烧扇贝 （贝类）

黑椒牡蛎 （贝类）

（原料）牡蛎肉200克，鸡蛋2个

（调料）葱花、姜片、面粉、黑胡椒、植物油、料酒
各适量

（做法）

1. 牡蛎肉去杂洗净，加料酒、葱花、姜片略腌，
取出葱花、姜片，放入黑胡椒拌匀。

2. 鸡蛋加面粉调成糊，将牡蛎肉挂糊。

3. 取平底煎锅，加油烧热，放入牡蛎，煎至呈金
黄色，取出装盘即可。

（特点）蚝味香浓，别有风味。

蛋煎蛎黄 （贝类）

（原料）牡蛎500克，鸡蛋3个

（调料）香葱末、植物油、香油、盐各适量

（做法）

1. 牡蛎洗净拣去杂质，加入鸡蛋、香葱末拌匀。

2. 锅入油烧热，倒入牡蛎鸡蛋液，转小火煎至蛋
液凝固。

3. 继续煎至两面呈金黄色，加入盐，淋入香油，
取出切成小块，装盘上桌即可。

（提示）优质的牡蛎体大肥实、颜色淡黄、个体均匀
而且干燥，颜色褐红、个体不均匀、有潮湿
感的牡蛎质量较差。

辣甘蓝小贝

原料 包菜400克，鸟贝200克，红杭椒50克

调料 葱花、植物油、生抽、盐各适量

做法

1. 鸟贝去壳洗净，改刀切片，氽水；包菜洗净，切丝；红杭椒洗净，切圈。

2. 锅入油烧热，放入葱花炒香，倒入包菜丝略炒，加入盐、生抽调味，倒入鸟贝片、红杭椒圈，快速翻炒，装盘即可。

青瓜炒鸟贝

原料 鸟贝300克，黄瓜200克

调料 葱花、姜片、蒜片、胡椒粉、植物油、香油、料酒、盐各适量

做法

1. 鸟贝去壳，洗净挑去杂质，改刀切片，氽水。黄瓜去皮，洗净，切片。

2. 锅入油烧热，放入葱花、姜片、蒜片炒香，烹入料酒，放入黄瓜片略烧，加入盐、胡椒粉调味，倒入鸟贝片快速翻炒，淋香油即可。

辣炒海瓜子

原料 海瓜子750克，干辣椒50克

调料 姜末、甜面酱、植物油、生抽、盐各适量

做法

1. 海瓜子洗净，放入锅中，加适量清水小火煮沸，捞出沥干。干辣椒洗净，切段。

2. 另起锅入植物油烧热，放入姜末、干辣椒段、甜面酱爆锅，放入海瓜子炒匀，再加入生抽、盐调味，装盘即可。

沙律海鲜卷

原料 带子（鲜贝）、虾仁、蟹柳各100克，面包渣50克，鸡蛋液20克

调料 姜汁、植物油、卡夫奇妙酱、威化纸、盐各适量

做法

1. 带子、虾仁洗净，用沸水氽好，同蟹柳切成丁，加盐、姜汁、卡夫奇妙酱搅拌成馅，用威化纸包卷，裹鸡蛋液，滚粘面包渣。

2. 锅入油烧至六成热，投入海鲜卷，炸至微黄，捞出沥油，码盘即可。

Part **3**

营养美味汤，
也能快速做

　　长期以来，人们认为"煲汤时间越长，汤就越有营养"。这种说法是不科学的，长时间加热会破坏汤类菜肴中的维生素。要想快速煲出美味鲜汤，首先火候是关键。煲汤时，应以先旺火，后中火，再小火的次序，掌握好火候主要以汤沸腾程度为准。其次，加盐要适时、适量，不要撇油。这样，一碗营养又美味的汤就新鲜出炉了。在本章中，我们为您介绍了营养滋补的各色汤煲，既营养又省时快捷，适合全家人食用。

丝瓜炼豆腐

原料 嫩丝瓜200克，豆腐100克

调料 葱末、高汤、水淀粉、植物油、酱油、盐各适量

做法

1. 丝瓜刮净外皮，洗净切成菱形块。

2. 豆腐洗净，切成2厘米见方的块，用沸水烫一下，用冷水浸凉。

3. 锅入油烧热，下入丝瓜块炒至发软，加入高汤、酱油、盐、葱末烧开，放入豆腐块，用小火炖至豆腐鼓起，转旺火烧开，勾芡，出锅即可。

西红柿豆腐汤

原料 西红柿250克，豆腐2块

调料 盐、鸡精、胡椒粉、葱花、油各适量

做法

1. 将豆腐洗净切小块；西红柿洗净，去皮，切块。

2. 锅入油浇热，倒入豆腐和西红柿翻炒片刻，加水煮开。

3. 最后放入胡椒粉、盐、鸡精和葱花调味即可。

蛋黄炼豆腐

原料 卤水豆腐380克，蛋黄100克，水发香菇80克

调料 葱花、姜丝、高汤、胡椒粉、植物油、盐各适量

做法

1. 卤水豆腐洗净，切成块；水发香菇洗净，切成丁；蛋黄切粒。

2. 锅入植物油烧热，下入姜丝、蛋黄粒炒散，加入高汤、豆腐块、香菇丁，旺火炖开锅，放入葱花、盐、胡椒粉调味，出锅即可。

提示 咸蛋黄本身有咸味，所以烹调时可以少放盐。

（原料）香菇、金针菇、腐竹、水发木耳、烤麸、胡萝卜、白萝卜各100克

（调料）姜末、米椒、植物油、酱油、盐各适量

（做法）

1. 香菇洗净，切开；金针菇洗净，切断；腐竹、烤麸泡开，切块；胡萝卜、白萝卜洗净，切片；米椒洗净，切段。

2. 锅入油烧热，爆香姜末，放香菇、烤麸稍炒，倒入砂锅，再放入金针菇、腐竹块、木耳、胡萝卜片、白萝卜片，加入适量水，以刚好盖过材料为准。待水烧滚后，改小火炖至食材熟烂，加入盐、酱油，撒米椒段，出锅即可。

萝卜腐竹煲

泡菜黄豆芽汤

（原料）豆腐200克，黄豆芽200克，泡菜100克

（调料）盐适量

（做法）

1. 豆腐用清水洗净，切成块。

2. 将黄豆芽用清水洗净。

3. 将泡菜用清水洗净，切成片。

4. 锅中倒入适量清水，用火加热，再下入豆腐和黄豆芽煮熟。

5. 再加入泡菜稍煮，下盐调好味，即可出锅食用。

蚕豆素鸡汤

（原料）蚕豆200克，素鸡100克，金针菇、水发香菇各50克

（调料）高汤、胡椒粉、香油、盐各适量

（做法）

1. 蚕豆洗净，煮熟去皮；素鸡切厚片；金针菇洗净，去根撕散；香菇洗净，切大块。

2. 锅中加入高汤，放入蚕豆、素鸡片、香菇块、金针菇烧开后炖片刻，加入盐、胡椒粉调味，淋香油，出锅装碗即可。

（功效）健脾益气，利尿消肿。

五彩腐皮汤

原料 胡萝卜、白萝卜、萝卜叶、牛蒡各150克，干香菇50克，豆腐丁30克，豆皮半张

调料 蒜片、素高汤、盐各适量

做法

1. 干香菇洗净，用温水泡软，捞出，切成小块；胡萝卜、白萝卜、牛蒡分别洗净，切成块；豆皮洗净，切条；萝卜叶洗净，切段。

2. 锅中加入素高汤，放入蒜片、白萝卜块、胡萝卜块、豆腐丁、豆皮条、牛蒡块、萝卜叶、香菇块，旺火煮沸后，加入盐，转中火煮约3分钟，出锅即可。

三鲜豆腐

原料 豆腐150克，白菜心100克

调料 葱末、姜末、香菜段、鲜汤、植物油、鸡油、盐各适量

做法

1. 豆腐洗净放入锅里隔水蒸10分钟，取出沥水，切成长3.3厘米、厚1.5厘米、宽2.5厘米的片；白菜心洗净，用手撕成5厘米长的块，放入沸水中焯烫。

2. 锅入油烧热，加入葱末、姜末炸出香味，放入鲜汤、豆腐片、盐、白菜心烧滚，撇去浮沫，淋上鸡油，撒香菜段，出锅即可。

豆腐海带汤

原料 豆腐100克，海带、芹菜各80克

调料 盐、味精各2克，油适量

做法

1. 豆腐洗净，切丁；海带泡发，洗净，切块；芹菜洗净，切段。

2. 油锅烧热，注水烧开，放入豆腐。

3. 再放入芹菜、海带同煮至熟。

4. 调入盐、味精，煮至入味，即可出锅。

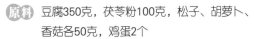

原料 豆腐350克，茯苓粉100克，松子、胡萝卜、香菇各50克，鸡蛋2个

调料 盐适量

做法

1. 将豆腐、胡萝卜分别洗净，切块；香菇用温水泡发，去蒂洗净；鸡蛋磕入碗中，打匀成鸡蛋液。

2. 锅中倒入清水，放入豆腐块、胡萝卜块、松子、茯苓粉、香菇，旺火煮沸转小火煮10分钟，将鸡蛋液均匀地淋在汤中，转小火煮1分钟，放盐调味，出锅即可。

功效 健脾化湿，防肥减肥。

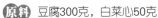

原料 豆腐300克，白菜心50克

调料 鸡蛋清、清汤、胡椒粉、水淀粉、香菜段、盐各适量

做法

1. 白菜心择去老叶洗净，对剖成4瓣，放入沸水锅中煮熟，捞出沥水。

2. 豆腐剁成蓉泥，包入纱布中，挤去水分，加入胡椒粉、盐、水淀粉、鸡蛋清搅拌成豆腐糁，挤成丸子，放入沸水锅中煮熟，捞出。

3. 锅中加入清汤烧开，放入白菜心、豆腐丸子煮至熟透，撒香菜段装碗即可。

原料 嫩生菜叶100克，豆腐200克，水发黑木耳10克

调料 白胡椒粉、橄榄油、白醋、盐、鲜汤各适量

做法

1. 嫩生菜叶洗净，沥干水分，切段；豆腐洗净，切长方形块；水发黑木耳洗净，切丝。

2. 锅中倒入鲜汤、豆腐块旺火煮沸，去浮沫，倒入橄榄油，放入生菜叶，用筷子搅拌一下，使菜叶浸入汤中，盖上锅盖，旺火煮沸后，再加入盐、白胡椒粉、白醋调味，放入黑木耳丝煮开锅，装碗即可。

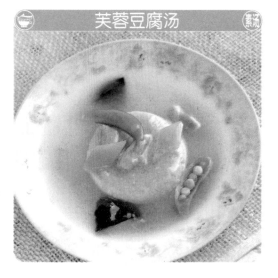

芙蓉豆腐汤 素汤

原料 豆腐400克，莴笋50克，豌豆尖30克，鲜蘑菇、水发香菇各25克，牛奶100克

调料 水淀粉、胡椒粉、清汤、植物油、白糖、盐各适量

做法

1. 豆腐洗净，用刀背剁蓉，放入碗中，加入牛奶拌匀，加入盐、水淀粉调匀，上笼用旺火蒸上汽后，改小火蒸10分钟，起笼放入碟中。水发香菇、鲜蘑菇、莴笋、豌豆尖分别洗净，蘑菇切薄片，莴笋切菱形片。

2. 锅入油烧热，下入清汤、香菇、蘑菇片、莴笋片烧开煮熟，汤里加盐、胡椒粉、白糖，勾芡，浇入豆腐糕上即可。

酸菜煮豆泡 素汤

白菜豆腐酱汤 素汤

原料 豆泡180克，酸菜150克，红泡椒、灯笼泡椒、小米椒各30克

调料 姜片、清汤、植物油、蚝油、盐各适量

做法

1. 豆泡洗净用温水泡胀；酸菜洗净切小段；红泡椒、灯笼泡椒、小米椒分别洗净，切段。

2. 锅入油烧热，下入姜片、红泡椒段炒香，加入清汤，用盐、蚝油调味，下入灯笼泡椒段、小米椒段、酸菜段，倒入豆泡煮4分钟至入味，出锅即可。

原料 白菜200克，卤水豆腐150克，红椒20克

调料 葱花、清汤、大豆酱、植物油、酱油、料酒各适量

做法

1. 白菜洗净，切段；豆腐洗净，切小方块；红椒洗净，去籽，切丁。

2. 锅入油烧热，下入葱花爆香，加入白菜段、红椒丁，调入料酒、酱油、大豆酱，翻炒2分钟，加入清汤、豆腐块，煮滚入味，出锅即可。

炖三菇 素汤

原料 水发口蘑、平菇、草菇各150克

调料 香菜末、高汤、鸡油、料酒、糖、盐各适量

做法

1. 水发口蘑去根，洗净，放入沸水锅中焯一下捞起，再放入冷水中冲凉；草菇、平菇分别洗净，切段。

2. 平菇段、口蘑、草菇段放入炖盅内，加入高汤、盐、糖、料酒、鸡油，盖上盖儿，上笼蒸熟取出，撒入香菜末，出锅即可。

功效 滋补抗癌，降压降脂。

山药烩香菇 素汤

原料 山药300克，水发香菇、胡萝卜各100克，红枣50克

调料 葱段、胡椒粉、色拉油、酱油、盐各适量

做法

1. 山药去皮洗净，切片；水发香菇、胡萝卜分别洗净，切片；红枣洗净泡透，去核。

2. 锅入油烧至六成热，下入葱段煸炒出香味，放入山药片、香菇片和胡萝卜片略炒，加入红枣、酱油及适量清水，用旺火烧沸，转中火煮至山药、红枣熟透，加入盐、胡椒粉调味，出锅即可。

当归香菇汤 素汤

原料 冻豆腐200克，干香菇100克，当归、枸杞、红枣各50克，腰果20克

调料 素高汤粉、盐各适量

做法

1. 冻豆腐洗净，切方丁；干香菇温水泡发，切块。

2. 腰果用沸水烫一下捞出。枸杞、红枣用温水清洗。

3. 锅内放入清水，放入冻豆腐丁、香菇块、当归、枸杞、红枣、腰果，加入素高汤粉、盐调味，盛入碗中，放入蒸锅蒸熟，出锅即可。

奶汤浸煮冬瓜粒 _素

原料 奶汤400克，冬瓜300克，水发冬菇50克

调料 姜片、植物油、料酒、盐各适量

做法

1. 冬瓜去皮洗净，切成丁。

2. 水发冬菇洗净，切成方丁。

3. 锅入油烧热，放入姜片、料酒爆香，倒入奶汤，放入冬瓜丁、冬菇丁，中火煮片刻，加盐调味，出锅即可。

乡村炖菜 _{素汤}

原料 胡萝卜200克，茭白笋100克，干香菇50克，绿竹笋、莲藕各30克

调料 香菜段、素高汤粉、香油、盐各适量

做法

1. 将胡萝卜、茭白笋、绿竹笋、莲藕分别洗净，切成块。干香菇用热水泡软，切成块。

2. 锅入清水烧沸，放入素高汤粉，加入胡萝卜块、茭白笋块、绿竹笋块、莲藕块、干香菇块炖至熟烂，加盐调味，撒上香菜段，然后淋香油，出锅即可。

鲜荷双瓜汤 _{素汤}

原料 荷叶半张，西瓜1/4个，丝瓜100克，薏米50克

调料 生姜1片，盐少许

做法

1. 荷叶用清水洗净，切块。

2. 将西瓜用清水洗净，取肉切成粒，再将瓜皮用清水洗净，切块。

3. 丝瓜削净切块；薏米洗净浸泡。

4. 煲内加水和瓜皮、薏米、生姜，大火煲沸，改中火煲1小时，入丝瓜煲至米软瓜熟，去瓜皮，入荷叶和瓜肉，稍开，调入盐即可。

原料 豆腐干350克，荷兰豆120克，胡萝卜100克，海带50克

调料 鱼露、姜汁、鸡汤、醋、盐各适量

做法

1. 荷兰豆择洗干净，切去两端。

2. 胡萝卜洗净，切成片。海带、豆腐干分别洗净，切成三角形块。

3. 汤锅中倒入鸡汤，放入豆腐干、荷兰豆、胡萝卜片、海带，调入鱼露、姜汁、醋、盐，中火煮沸改小火焖煮至所有原料熟烂，出锅即可。

萝卜双豆汤　素汤

芋头煮萝卜菜　素汤

原料 芋头250克，萝卜菜300克

调料 姜末、鲜汤、枸杞、猪油、盐各适量

做法

1. 萝卜菜摘洗干净，切碎，沥干水分。

2. 芋头去皮，洗净，切成小片。

3. 锅入猪油烧热，下入姜末爆香，放入芋头片炒熟，加入鲜汤，放入盐调味，煮至芋头熟烂，再放入萝卜菜、枸杞一起煮熟，出锅盛入汤碗即可。

素罗宋汤　素汤

原料 豆干150克，胡萝卜100克，番茄、土豆、洋葱、白萝卜、萝卜叶、牛蒡、泡发干香菇、青豆各30克

调料 米酒、盐各适量

做法

1. 胡萝卜、白萝卜、牛蒡分别洗净，切丁。豆干洗净切丁。番茄洗净，切块。土豆去皮洗净，切丁。洋葱去皮洗净，切丁。泡发干香菇洗净，切块；萝卜叶、青豆洗净。

2. 锅入清水，放入豆干、青豆煮沸，放入胡萝卜丁、番茄块、土豆丁、洋葱丁、白萝卜丁、萝卜叶、牛蒡丁、香菇块，煮沸后放入盐、米酒，炖至所有原料熟烂，出锅即可。

什锦汤 素汤

原料 胡萝卜、白萝卜、萝卜叶、牛蒡各100克，泡发香菇、冬瓜、豆腐块各50克，枸杞适量

调料 素高汤、胡椒粉、盐各适量

做法

1. 胡萝卜、白萝卜、牛蒡、香菇、冬瓜分别洗净，切成块。萝卜叶洗净。

2. 锅入素高汤煮开，放入冬瓜块、胡萝卜块、白萝卜块、萝卜叶、牛蒡块、香菇块，转小火煮至冬瓜软烂，再放入豆腐块、枸杞，调入盐、胡椒粉，出锅即可。

密瓜西米羹 素汤

原料 西米100克，哈密瓜1个

调料 白糖适量

做法

1. 锅入清水，放入西米煮熟。白糖加入水，放入锅中煮成糖水。

2. 哈密瓜洗净，将果肉取出，一半切成小丁，一半搅成果汁。

3. 将果汁、糖水、西米放入锅中煮开后凉凉，盛入哈密瓜盅中，撒上哈密瓜丁即可。

双红南瓜汤 素汤

原料 南瓜300克，红枣50克

调料 醪糟、红糖各适量

做法

1. 南瓜去皮挖瓤，洗净，切成块。

2. 红枣洗净，用刀背拍开，去核。

3. 将南瓜块、红枣、醪糟、红糖一起放入砂锅中，加适量水，小火煮至南瓜熟烂，出锅即可。

奶油南蓉汤 素汤

原料 南瓜300克，鲜奶油100克，西芹150克

调料 胡椒粉、盐各适量

做法

1. 南瓜去皮挖瓤，洗净，切小块，放入沸水锅煮熟，取出放入碗中，捣成南瓜泥。西芹洗净，榨成菜汁，留少许菜叶，切碎。

2. 锅中放入南瓜泥，加入芹菜汁、鲜奶油，加入适量水拌匀。

3. 锅置火上，边煮边搅拌，加盐、胡椒粉调味，撒入少许芹菜叶碎末，装碗即可。

南瓜当归盅 素汤

原料 南瓜500克，银杏、水发香菇、白萝卜、胡萝卜各50克，当归、枸杞各适量

调料 盐适量

做法

1. 南瓜洗净，去蒂。香菇洗净切成4瓣。白萝卜、胡萝卜洗净，切块；整个南瓜放入电饭锅中蒸熟，切开，边缘修成波纹状。

2. 锅入清水烧开，放入银杏、香菇瓣、白萝卜块、胡萝卜块、当归、枸杞煮熟，加盐调味，盛入南瓜盅中即可。

枸杞山药汤 素汤

原料 山药300克、枸杞20克

调料 葱花、姜片、米酒、鸡汤、盐各适量

做法

1. 山药去皮洗净，切块。

2. 锅入清水烧沸，放入山药块、姜片，加入枸杞、米酒、鸡汤，放入锅中煮熟，加盐调味，撒上葱花，出锅即可。

酸菜土豆片汤 素汤

原料 土豆300克，酸菜150克

调料 鲜汤、植物油、盐各适量

做法

1. 酸菜洗净，切段。

2. 土豆去皮洗净，切成片。

3. 锅入植物油烧热，放入酸菜炒香，加入鲜汤烧沸，放入土豆片煮熟，放入盐调味即可。

澄净菠菜汤 素汤

原料 菠菜200克，牛蒡、胡萝卜、海带各100克

调料 胡椒盐、高汤适量

做法

1. 菠菜洗净，放入沸水锅中焯烫片刻捞出，切成细丁。

2. 牛蒡、胡萝卜、海带分别洗净，切成丁。

3. 将高汤、菠菜丁、牛蒡丁、胡萝卜丁、海带丁用料理机打匀，放入胡椒盐，倒入锅中煮开，装碗即可。

红枣皮蛋煮青菜 素汤

原料 青菜200克，红枣20克，皮蛋50克，鸡蛋2个

调料 蒜片、植物油、盐各适量

做法

1. 青菜洗净，切成段；红枣洗净；鸡蛋打散，煎熟；皮蛋去壳，切丁。

2. 锅入清水，调入盐和适量植物油烧开，放入青菜段焯烫片刻捞出，沥干水分，盛入碗中。

3. 锅入油烧至七成热，放入蒜片煸炒出香味，加入适量水，再放入红枣、鸡蛋、皮蛋，加盐调味，煮开后倒入盛青菜的碗中即可。

蔬菜凉汤 素汤

原料 冻豆腐、小黄瓜各100克，圣女果、土豆、胡萝卜、西蓝花各50克

调料 素高汤粉、黑胡椒、盐各适量

做法

1. 冻豆腐洗净，切块。

2. 圣女果洗净，入沸水中焯烫去皮。小黄瓜洗净，切厚片。土豆去皮洗净，切小块。胡萝卜洗净，切块。西蓝花洗净，掰成小朵，入沸水锅中焯烫，捞出。

3. 锅中加入清水，倒入素高汤粉煮沸，放入冻豆腐块、小黄瓜片、圣女果、土豆块、胡萝卜块、西蓝花，煮至熟烂，加入黑胡椒、盐调味，装碗即可。

菜卷青豆汤 素汤

原料 白菜中层帮300克，腐竹馅200克，青豆30克

调料 葱花、姜汁、高汤、香油、料酒、盐各适量

做法

1. 将白菜中层帮洗净，放入沸水中焯烫，捞出，沥水。

2. 将腐竹馅放入碗中，加入姜汁、料酒、葱花拌匀，备用。

3. 白菜帮铺平，放入腐竹馅卷好，固定紧实后划刀，入蒸锅蒸熟，取出。

4. 汤锅中加入适量高汤烧沸，下入白菜卷、青豆旺火煮沸，加盐调味，淋香油，出锅即可。

木瓜西米汤

原料 木瓜200克，胡萝卜45克，西米30克

调料 盐少许，白糖2克

做法

1. 将木瓜去皮、去瓤用清水洗干净，再切成均匀的正方形丁。

2. 将胡萝卜洗净，切成大小均匀的正方形丁。

3. 将西米放入清水中淘洗干净，备用。

4. 净锅上火倒入水，下入准备好的木瓜、胡萝卜、西米煲熟，再放入盐、白糖调味即可。

薏仁牛蒡汤

原料 牛蒡200克，薏仁、樱桃萝卜、冻豆腐、芹菜末各50克

调料 姜片、盐、香菜末各适量

做法

1. 薏仁用清水泡好。牛蒡洗净去皮，切片。樱桃萝卜洗净，切片。冻豆腐切片。

2. 锅入适量清水，放入牛蒡片、薏仁，旺火煮沸后转小火炖煮。

3. 再放入樱桃萝卜片、冻豆腐片、姜片煮滚，加入盐调味，起锅前撒上芹菜末、香菜末即可。

香芋薏米汤

原料 香芋300克，薏米200克，芡实、海带丝各50克

调料 盐适量

做法

1. 香芋洗净去皮，切成滚刀块。

2. 芡实、海带丝分别洗净。

3. 薏米用清水泡软。

4. 锅入清水，放入泡好的薏米煮熟，放入香芋块、芡实、海带丝，加入盐调味，小火煮熟，出锅即可。

蛋蓉玉米羹

素汤

原料 罐装玉米100克，鸡蛋2个

调料 炼乳、淀粉、白糖各适量

做法

1. 锅入清水烧开，倒入罐装玉米和炼乳，加入白糖搅匀，熬煮2分钟，勾薄芡。

2. 鸡蛋磕入碗中，加入适量淀粉，打匀成蛋液，淋入锅中成蛋花，搅拌均匀，倒入汤碗中即可。

特点 色泽金黄，口味甘甜。

冰糖湘莲

素汤

原料 湘白莲200克，鲜菠萝100克，青豆、樱桃、桂圆肉各50克

调料 冰糖、盐适量

做法

1. 莲子洗净去皮，放入锅中蒸熟，盛入汤碗中。

2. 桂圆肉洗净，浸泡片刻。鲜菠萝去皮，切丁，入盐水中浸泡。

3. 锅中放入冰糖，加适量清水烧沸，待冰糖完全溶化，加青豆、樱桃、桂圆肉、菠萝丁，旺火煮沸，倒入盛莲子的汤碗中即可。

青苹果炖芦荟

素汤

原料 青苹果300克，芦荟150克

调料 枸杞、冰糖、白糖各适量

做法

1. 青苹果削皮，去核洗净，切成小块。

2. 将芦荟去皮，洗净，切成条状，撒上白糖腌渍片刻备用。

3. 锅入清水烧沸，倒入青苹果块、芦荟条、冰糖、枸杞，用小火加盖炖至酥软，出锅即可。

功效 可防治糖尿病、高血压，对提高免疫力有辅助作用。

花生200克，干百合50克

调料 冰糖适量

做法

1. 花生放入清水中浸泡片刻，取出沥干水分。

2. 干百合放入清水中泡软，沥干水分。

3. 锅入清水，放入花生仁、百合、冰糖，旺火煮开，转小火慢煮至花生软烂，出锅即可。

特点 清甜香口。

花生炖百合

雪莲干百合炖蛋

原料 雪莲100克，干百合50克，鸡蛋2个

调料 香油、盐各适量

做法

1. 雪莲、干百合放入清水中浸泡1天，取出沥水。

2. 锅入清水，放入干百合、雪莲旺火炖至酥烂，捞出。

3. 鸡蛋磕入汤锅煮成荷包蛋，放入炖好的百合、雪莲，加入盐调味，淋香油，出锅即可。

功效 润肺止咳，清心安神。

肉桂蜜汁水果汤

原料 火龙果、菠萝各250克，草莓、狝猴桃各200克

调料 蜂蜜、八角、肉桂、盐各适量

做法

1. 火龙果、狝猴桃去皮洗净，切成块。

2. 菠萝去皮，切成块，放入淡盐水中浸泡片刻。

3. 草莓洗净，纵切两半。

4. 锅入清水烧沸，放入肉桂、八角、火龙果块、草莓、菠萝块、狝猴桃块同煮5分钟，淋入蜂蜜，出锅即可。

毛芋头炖排骨 （汤）

原料 排骨400克，毛芋头200克，粉皮150克

调料 葱段、姜片、香菜末、骨头汤、八角、植物油、酱油、盐各适量

做法

1. 排骨洗净，斩块，放入沸水锅中氽透，捞出。

2. 毛芋头刮去皮，洗净，切成块。粉皮泡软。

3. 锅入油烧热，放入葱段、姜片、八角炸香，放入排骨，加入酱油、骨头汤翻炒，慢火炖至排骨八成熟时放入芋头，加入盐调味，当芋头熟烂时放入泡好的粉皮，撒香菜末，出锅即可。

清炖排骨 （汤）

原料 猪肋排300克，白萝卜200克，枸杞适量

调料 葱段、姜片、花椒、胡椒面、料酒、盐各适量

做法

1. 猪肋骨洗净，剁成小块。

2. 白萝卜洗净，切成长方片。

3. 锅入清水，放入排骨块烧开，撇去血沫，放入葱段、姜片、料酒、胡椒面、花椒、枸杞，盖上锅盖，炖至排骨七成熟时，放入白萝卜片，继续炖至排骨熟烂，放盐调味，出锅即可。

排骨炖豆腐 （汤）

原料 排骨200克，豆腐200克，小白菜150克

调料 葱末、姜末、高汤、熟猪油、料酒、盐各适量

做法

1. 排骨洗净，斩成5厘米的块，放入沸水锅中氽水，去掉血污。小白菜洗净。

2. 豆腐洗净切成长方块，放入清水焯一下，沥干水分。

3. 锅入熟猪油烧热，下入葱末、姜末煸炒，烹入料酒，加入高汤，放入排骨块、豆腐块，烧开后移小火上炖至排骨熟烂，待豆腐起孔，加入盐调味，放入小白菜再炖片刻，出锅即可。

黄豆排骨汤

原料 猪肋排400克，黄豆100克，大枣10克

调料 姜片、盐各适量

做法

1. 黄豆用清水浸泡，捞出洗净。大枣洗净去核，切片。

2. 猪肋排洗净，剁成小块。

3. 锅入清水，放入猪肋排稍煮片刻，捞出洗净。

4. 另起锅入清水，放入猪肋排、黄豆、姜片、大枣片，盖上盖子煲至排骨熟烂，加盐调味，出锅即可。

功效 健脾开胃，去湿消肿。

枸杞山药炖排骨

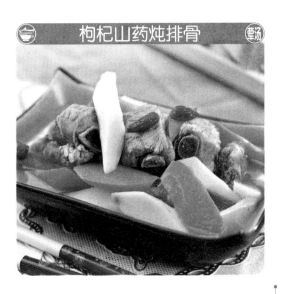

原料 猪小排400克，山药、胡萝卜各150克，枸杞20克

调料 姜片、白醋、料酒、盐各适量

做法

1. 猪小排洗净，切成长块。山药去皮洗净，切成滚刀块。胡萝卜洗净，切成长块。

2. 锅入清水，放入猪小排旺火烧开，撇去血污，捞出洗净，备用。

3. 锅入清水烧开，放入猪小排块、姜片、料酒旺火煮沸，转小火慢煨，烹入白醋，待猪小排七成熟时，放入山药块、胡萝卜块、枸杞，小火慢炖至所有原料熟烂，加盐调味，出锅即可。

平菇肉丝汤

原料 鲜平菇300克，猪里脊肉150克，茼蒿100克

调料 葱段、姜片、熟猪油、料酒、盐、清汤各适量

做法

1. 猪里脊肉洗净，切成细丝，放入碗中，加入清水、葱段、姜片、料酒浸泡。

2. 平菇去蒂焯水，捞出，用清水冷却，沥干水分，切成丝。茼蒿择去老叶，洗净。

3. 锅入清汤烧沸，倒入平菇丝、茼蒿稍烫，捞起放入碗中，再把肉丝同浸泡的水一起倒入锅中，烧沸捞起，放入汤碗中。锅中水煮沸，加入盐调味，浇在汤碗中，淋几滴熟猪油即可。

榨菜肉丝汤

原料 猪里脊肉200克，榨菜、豌豆尖各50克，粉条100克

调料 胡椒粉、水淀粉、清汤、香油、盐各适量

做法

1. 猪里脊肉洗净，切成长7厘米、粗0.3厘米的条，放入碗中，加入盐、水淀粉拌匀。

2. 将榨菜洗净，切成丝，放入凉水中浸泡片刻，捞出。

3. 锅置旺火上，加入清汤，放入榨菜丝煮出香味，放入猪里脊肉条、粉条、豌豆尖，淋上香油，撒上胡椒粉，出锅倒入汤碗即可。

豆芽肉饼汤

原料 猪瘦肉、黄豆芽各200克，冬瓜50克，鸡蛋1个

调料 葱花、姜末、高汤、干淀粉、胡椒粉、酱油、盐各适量

做法

1. 鸡蛋磕入碗中，打匀成蛋液。豆芽掐根洗净。冬瓜去皮洗净，切成菱形片。

2. 猪瘦肉洗净，剁成末，装入碗中，加鸡蛋液、干淀粉、盐、姜末、葱花，拌匀成馅，用其做成肉饼，放入盛器中，上笼蒸熟。

3. 锅入高汤，放入黄豆芽、冬瓜片，加入盐、酱油、胡椒粉、肉饼，煮开锅入味后，倒入汤碗中即可。

焯冬瓜丸子

原料 猪瘦肉150克，冬瓜150克

调料 葱末、姜末、水淀粉、植物油、香油、料酒、盐各适量

做法

1. 猪瘦肉洗净，剁成蓉，用少许料酒、水淀粉和盐拌匀上浆，加入适量葱末、姜末、香油，继续搅上劲成丸子馅，挤成小丸子。

2. 冬瓜去皮洗净，切片。

3. 锅入油烧热，放入葱末、姜末爆香，烹入料酒，加入适量沸水烧开，放入冬瓜片，再放入小丸子氽熟，加入盐调味，出锅即可。

原料 豆腐300克，熟五花肉150克，小白菜100克

调料 香菜段、葱丁、清汤、猪油、料酒、酱油、白糖、盐各适量

做法

1. 豆腐洗净，切成块，放入油锅中煎至两面呈金黄色，捞出。

2. 小白菜洗净，切成段，入沸水中烫熟。熟五花肉切块。

3. 锅入猪油烧热，放入白糖炒至变色，下入五花肉块、葱丁、料酒、酱油炒匀，倒入砂锅中，加入清汤用旺火烧开，转小火炖至熟烂，再放入豆腐块、小白菜段，加入盐调味，炖10分钟至汤汁浓稠，撒香菜段，出锅即可。

肉炖豆腐

崂山菇炖五花肉

五花肉炖莲藕

原料 崂山菇200克，粉条50克，五花肉100克

调料 葱花、姜片、香菜段、盐、胡椒粉、花生油、高汤各适量

做法

1. 崂山菇去除杂质，泡水洗净。五花肉洗净，切片。

2. 粉条用沸水泡软，切成长段。

3. 锅入油烧热，放入五花肉片炒出油，下入葱花、姜片爆香，放入崂山菇、高汤、胡椒粉、粉条炖15分钟，加盐调味，撒上香菜段，出锅即可。

原料 五花肉300克，莲藕200克

调料 香葱、姜末、蒜末、料酒、植物油、盐各适量

做法

1. 五花肉洗净，切成块。莲藕洗净，切滚刀块，入沸水中焯水。香葱切末。

2. 锅入油烧热，放入姜末、蒜末爆香，放入五花肉块、莲藕块爆炒，烹入料酒，翻炒片刻，加适量水煮开，加入盐调味，盖上锅盖，中小火炖至莲藕熟烂入味，撒上香葱末，出锅即可。

砂锅白肉汤 荤汤

原料 猪腱子肉200克，菜花100克，油菜、粉丝各50克

调料 葱花、姜片、胡椒粉、植物油、料酒、盐各适量

做法

1. 猪腱子肉洗净，放入锅中，加水、盐、料酒煮熟，捞出，切成厚片。

2. 菜花掰成小朵，洗净后放入沸水中焯水冲凉，沥干水分。油菜洗净。

3. 锅入油烧热，放入葱花、姜片爆香，倒入煮熟腱子肉的汤，放入菜花、腱子肉片、粉丝、油菜，用盐、胡椒粉调味，开锅煮4分钟即可。

萝卜连锅汤 荤汤

原料 猪坐臀肉200克，萝卜300克

调料 姜片、高汤、料酒、盐各适量

做法

1. 将萝卜洗净，切成长6厘米、宽3厘米、厚5毫米的片。

2. 猪坐臀肉洗净，放入锅中煮熟，凉冷，切成长7厘米、宽3厘米、厚5毫米的片。

3. 锅入高汤烧热，放入姜片、料酒、盐调味，加入萝卜片、肉片煮沸，撇去浮沫，煮至萝卜断生，起锅装入汤碗即可。

茶树菇炖肉 荤汤

原料 带皮肉、茶树菇各300克

调料 葱花、姜片、八角、桂皮、花生油、酱油、料酒、白糖、盐各适量

做法

1. 茶树菇去根，洗净。带皮肉洗净，切成厚片，放入锅中焯一下，沥干水分。

2. 锅入油烧热，放入葱花、姜片、八角、桂皮煸炒出香味，放入肉片煸炒，加入料酒、酱油、白糖，加入适量水，放入茶树菇，盖上锅盖，开锅后转中小火炖熟，加入盐调味，出锅即可。

(原料) 菜花200克，猪肉皮150克，金针菇、水发
香菇、莴笋各50克

(调料) 清汤、色拉油、盐各适量

(做法)

1. 菜花洗净，切成小块，入锅中焯水后捞出，用
冷水浸凉。猪肉皮洗净，切片。

2. 水发香菇切成块。莴笋洗净，切成片。

3. 锅入油烧热，加入清汤，放入菜花块、猪肉皮
片、金针菇、香菇块、莴笋片煮沸，加入盐调
味，起锅倒入汤碗即可。

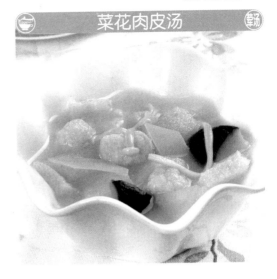

菜花肉皮汤

海带炖肉

(原料) 带皮五花肉500克，胡萝卜、水发海带各
250克，水发香菇50克

(调料) 葱段、姜片、花椒、八角、鲜汤、植物油、
酱油、盐各适量

(做法)

1. 五花肉刮洗干净，切块。水发海带洗净，切
片。胡萝卜洗净，切块；香菇洗净，切块。

2. 锅入油烧热，放入葱段、姜片、花椒、八角爆
香，放入肉块、酱油煸炒至变色，倒入鲜汤烧
沸，去浮沫，转用小火炖至肉块八成熟时，再
放入香菇、海带片、胡萝卜块炖至熟烂，加入
盐调味，出锅即可。

腊肉慈姑汤

(原料) 慈姑250克，腊肉100克

(调料) 葱末、清汤、色拉油、盐各适量

(做法)

1. 慈姑去皮洗净，切成薄片，放入沸水中焯水，
捞出放入冷水中浸凉。腊肉洗净，切片。

2. 锅入色拉油烧热，放入清汤、慈姑片、腊肉
片，煮沸后转中火煮约5分钟，加入盐调味，撒
上葱末，起锅倒入汤碗中即可。

扣三丝汤 【荤汤】

原料 火腿丝、熟鸡脯肉丝、熟笋丝各150克，水发香菇50克

调料 葱花、清汤、熟猪油、绍酒、盐各适量

做法

1. 取一大碗，抹上熟猪油，放入洗净的香菇，再把火腿丝、熟鸡脯肉丝、熟笋丝均匀地摆放在碗中，加入清汤放入蒸锅蒸1小时，取出扣入汤碗中。

2. 锅中加入清汤、绍酒、盐、葱花，煮沸后撇去浮沫，倒入汤碗中即可。

鲁式酸辣汤 【荤汤】

原料 豆腐200克，火腿100克，粉丝、水发木耳、冬笋各50克，鸡蛋1个

调料 葱花、水淀粉、胡椒粉、酱油、醋、盐各适量

做法

1. 豆腐、火腿、水发木耳、冬笋洗净，切成丝。鸡蛋打匀成蛋液。

2. 锅入清水，下入豆腐丝、火腿丝、木耳丝、冬笋丝、粉丝，加入盐、酱油调味，煮开锅，倒入水淀粉勾芡，淋入鸡蛋液搅匀，待锅内蛋花浮起，放入胡椒粉、醋、葱花，出锅即可。

培根白菜汤 【荤汤】

原料 培根300克，白菜叶200克，洋葱50克

调料 柠檬汁、高汤、植物油、盐各适量

做法

1. 培根洗净，切成3厘米长的片。洋葱去皮洗净，切末。白菜叶洗净，切成块。

2. 锅入植物油烧热，下入洋葱末炒香，再放入培根片炒匀，加入高汤，放入白菜块、柠檬汁煮10分钟，加入盐调味，出锅即可。

培根圆白菜汤 【荤汤】

原料 培根350克，圆白菜120克，圣女果100克，山药90克

调料 姜丝、料酒、盐各适量

做法

1. 培根洗净，切片。圣女果洗净，切两半。

2. 圆白菜洗净，切片。山药去皮洗净，切薄片，放入水中泡一会。

3. 锅入清水煮沸，放入培根片、圆白菜片、圣女果、山药片、姜丝、料酒，加入盐调味，煮15分钟出锅即可。

翡翠肉圆汤

原料 小肉丸150克，嫩蚕豆100克，莴笋、枸杞各适量

调料 葱段、姜片、清汤、色拉油、料酒、盐各适量

做法

1. 蚕豆放入沸水中烫片刻，捞出，放入清水中浸凉。莴笋洗净，切成块。

2. 锅入色拉油烧热，放入葱段、姜片、蚕豆仁、莴笋块稍煸炒，加入小肉丸、清汤、料酒、枸杞煮沸，撇去浮沫，加入盐调味，拣去葱段、姜片，起锅倒入汤碗中即可。

营养炖菜

原料 猪肉丸300克，娃娃菜、水发香菇、虾仁、粉丝、菠菜各50克

调料 葱片、姜片、胡椒粉、高汤、食用油、香油、盐各适量

做法

1. 娃娃菜、菠菜分别洗净，切段。水发香菇洗净，切块。虾仁洗净。猪肉丸焯水，捞出沥干。

2. 锅入油烧热，放入葱片、姜片爆香，加入娃娃菜、高汤、虾仁、香菇块、粉丝、猪肉丸、菠菜，用盐、胡椒粉调味，开锅炖5分钟，淋上香油，出锅即可。

玛瑙豆腐汤

原料 嫩豆腐300克，熟猪肺200克，火腿末25克

调料 葱花、姜末、鲜汤、猪油、料酒、盐各适量

做法

1. 熟猪肺、嫩豆腐分别洗净，切块，放入沸水锅中煮透，捞入凉水浸凉。

2. 锅入猪油烧热，加入鲜汤、猪肺块、豆腐块、姜末，烹入料酒，盖上锅盖烧沸，煮至汤汁乳白，加入盐调味，盛入汤碗中，撒上葱花、火腿末即可。

竹笋炖银肺

原料 猪肺300克，火腿、竹笋、水发木耳各100克，松仁30克

调料 葱花、姜片、料酒、盐各适量

做法

1. 猪肺洗净，氽烫，去血沫，切成菱形块。火腿切片。水发木耳洗净，撕片。竹笋洗净，切片。

2. 砂锅中放入猪肺块、葱花、姜片，煮至猪肺块七成熟，放入竹笋片、火腿片、木耳片、松仁，加入料酒、盐调味，炖至入味，出锅即可。

萝卜炖肚块

原料 猪肚300克，白萝卜200克

调料 葱末、姜片、水淀粉、植物油、白胡椒粒、盐各适量

做法

1. 白萝卜洗净去皮，切成片。

2. 猪肚去除油脂，用水淀粉洗去异味，氽水，放入沸水锅中，加入白胡椒粒煮熟，捞出放入冷水中浸凉，切片。

3. 锅入油烧热，放入葱末、姜片炒香，放入猪肚片、白萝卜片炒片刻，装入砂锅中，小火炖至萝卜片熟烂，加入盐调味，撒葱末即可。

酸菜炖猪肚

原料 熟猪肚400克，酸菜300克

调料 葱末、姜末、蒜末、香菜段、料酒、胡椒粉、植物油、香油、盐各适量

做法

1. 熟猪肚洗净，切丝。酸菜切丝。

2. 锅入植物油烧热，放入葱末、姜末、蒜末、猪肚丝、酸菜丝煸炒出香味，烹入料酒，加入适量水烧开，加入盐、胡椒粉稍炖，撒上香菜段，淋香油，出锅即可。

肚条豆芽汤

原料 猪肚500克，黄豆芽200克

调料 葱段、姜片、料酒、胡椒粉、盐各适量

做法

1. 猪肚洗净，放入沸水中氽煮，捞出控去水分，切条。黄豆芽洗净。

2. 猪肚条放入砂锅中，加水煮开，撇去浮沫，放入葱段、姜片，烹入料酒，移至小火上炖约1小时，放入黄豆芽同炖至肚条软烂，加入盐、胡椒粉调味，取出葱段、姜片，盛入汤碗即可。

鸡骨草猪肚汤

原料 猪肚250克，鸡骨草100克

调料 高汤、盐各适量

做法

1. 猪肚洗净，切条。鸡骨草洗净，切长段。

2. 锅入高汤烧热，下入猪肚条、鸡骨草段，加入盐调味，煲至猪肚条熟透，出锅即可。

菠菜煮猪肝

原料 猪肝、菠菜各200克，枸杞适量

调料 葱片、姜片、料酒、胡椒粉、香油、清汤、
色拉油、盐各适量

做法

1. 猪肝洗净，切片，焯水后洗净血污，控干水
分。菠菜去根洗净，切段。

2. 锅入油烧热，放入葱片、姜片爆香，加入料
酒、清汤、枸杞，放入猪肝片煮熟，再放入菠
菜段，加入盐、胡椒粉调味，淋上香油，出锅
即可。

豆芽油菜腰片汤

原料 猪腰200克，黄豆芽、油菜各50克

调料 葱片、姜片、胡椒粉、香油、料酒、食用
油、高汤、盐各适量

做法

1. 猪腰洗净，除去腰骚，切片，放入沸水中焯水，
沥干水分。黄豆芽洗净，焯水。油菜洗净。

2. 锅入油烧热，放入葱片、姜片爆香，烹入料
酒，放入黄豆芽、油菜炒一下，加入高汤、
盐、胡椒粉调味，开锅放入腰片煮2分钟，淋香
油，出锅即可。

桃仁板栗猪腰汤

原料 猪腰300克，栗子150克，核桃仁、猪瘦肉各
100克，枸杞适量

调料 姜片、盐各适量

做法

1. 栗子去壳、皮，洗净。猪腰洗净，切成两半，撕
去白膜，放入沸水中焯水，捞出。

2. 猪瘦肉洗净，切成大块，焯水后捞出，洗去血水。

3. 锅入清水烧沸，下入猪腰、瘦肉块、栗子、核
桃仁、姜片、枸杞，旺火煮沸转小火，煮至猪
腰熟烂，加入盐调味，出锅即可。

花生米炖胗花

原料 鸡胗200克，花生米50克

调料 葱段、姜片、鲜汤、香油、料酒、盐各适量

做法

1. 鸡胗去杂质，洗净，剞菊花刀，切成大块，放
入沸水锅中烫一下，用漏勺捞出，洗去浮沫。

2. 砂锅置火上，放入鸡胗、花生米、葱段、姜
片，烹入料酒，加入盐、鲜汤，炖至鸡胗熟
烂，淋香油，出锅即可。

蘑菇炖猪膝

原料 猪蹄膝400克，滑子菇150克，冬笋、水发木耳各100克，枸杞适量

调料 葱末、姜末、八角、花雕酒、鲜汤、植物油、香油、盐各适量

做法

1. 猪蹄膝洗净，入沸水锅中汆水，加入葱末、姜末、八角、花雕酒煲熟，加入盐调味，取出备用。

2. 冬笋洗净，切片。水发木耳洗净，择小朵；滑子菇洗净。

3. 锅入油烧热，放入葱末、姜末爆香，放入猪蹄膝，加入鲜汤、盐调味，炖至猪蹄膝熟透，加入冬笋片、滑子菇、木耳炖出香味，淋香油，出锅即可。

花肠炖菠菜

原料 猪花肠400克，菠菜100克

调料 葱末、姜片、胡椒粉、料酒、花椒、八角、香油、植物油、盐各适量

做法

1. 猪花肠去油脂，洗净，剁成2厘米的段，放入沸水中汆水，捞出放入锅中，加入葱末、姜片、八角、花椒，煮至肥肠熟烂。菠菜洗净，切段。

2. 锅入油烧热，放入煮好的肥肠，炸至酥脆，捞出。

3. 另起锅入油烧热，下入葱末、姜片炒香，烹入料酒，加入适量水，倒入炸好的花肠，炖至汤白有香味时，加入盐、胡椒粉、菠菜段略炖，淋香油，出锅即可。

花生黄豆煲猪手

原料 猪手400克，黄豆、花生各100克，党参50克，枸杞适量

调料 葱花、米酒、盐各适量

做法

1. 黄豆、花生分别洗净，用温水浸泡。

2. 猪手洗净，切成长块，放入沸水锅中焯烫片刻，洗净血污，捞出。

3. 锅中加入清水，放入猪手块、黄豆、花生、党参、葱花、枸杞、米酒，旺火烧开改用小火，炖至猪手熟烂，加盐调味，出锅即可。

原料 牛腩500克，油豆腐150克，粉丝100克

调料 葱末、姜末、香菜段、花椒、香叶、胡椒粉、青蒜段、盐各适量

油豆腐粉丝牛腩汤

做法

1. 牛腩洗净，放入沸水中焯烫，除去血水，捞出，切块。油豆腐洗净，对半切开。粉丝用沸水泡软。

2. 锅入清水，放入牛腩块、姜末、葱末、花椒、香叶，炖煮至肉块熟烂。

3. 另取锅放入牛腩块、牛腩块原汤，放入油豆腐、粉丝煮熟，加入盐、胡椒粉调味，撒上香菜段、青蒜段，出锅即可。

番茄黄豆牛腩

罗宋汤

原料 牛腩400克，番茄200克，黄豆180克，洋葱50克

调料 胡椒粉、鲜汤、黄油、盐各适量

做法

1. 牛腩洗净，切块，放入凉水锅中烧开，撇去浮沫，捞出，洗去血污。

2. 黄豆泡好后放入沸水中煮一下。番茄去皮洗净，切块。洋葱洗净，切块。

3. 锅入黄油烧热，放入番茄炒至糊状，加入鲜汤、牛腩块，慢火烧至肉质熟烂，放入洋葱块、黄豆，煮出香味，加入盐、胡椒粉调味，待汤汁浓稠时，装盘即可。

原料 牛肉300克，圆白菜、番茄、胡萝卜、土豆、洋葱各100克

调料 葱段、姜片、八角、面粉、番茄酱、黄油、盐各适量

做法

1. 牛肉洗净血水。洋葱洗净，切片。圆白菜、番茄、胡萝卜洗净，切块。土豆去皮洗净，切块。

2. 牛肉放入高压锅，加入适量水、八角、葱段、姜片、盐，盖上锅盖，煮熟，捞出切块。

3. 将黄油烧化，放面粉小火翻炒，加番茄酱、洋葱片炒匀，倒入煮牛肉的汤，旺火烧开，放圆白菜块、胡萝卜块、土豆块、番茄块、牛肉块，调入盐，再煮10分钟即可。

西湖牛肉羹

原料 牛肉150克，冬笋、午餐肉各50克，鸡蛋清20克，胡萝卜10克

调料 香菜末、胡椒粉、水淀粉、鲜汤、香油、料酒、盐各适量

做法

1. 牛肉去筋膜，洗净血水，切成米粒状。冬笋洗净，和午餐肉分别切成米粒状，入沸水锅焯至冬笋断生，捞起控干。胡萝卜洗净，切成末。

2. 锅入鲜汤，下入牛肉粒、冬笋粒、午餐肉粒，烧沸除去浮沫，加入盐、胡椒粉、料酒调味，再淋入鸡蛋清，勾薄芡，撒入香菜末、胡萝卜末，淋上香油，出锅即可。

清炖萝卜牛肉

原料 牛肉350克，胡萝卜150克

调料 香菜段、葱段、番茄酱、胡椒粉、色拉油、盐各适量

做法

1. 牛肉洗净，去掉筋骨，切成小方块。胡萝卜去皮洗净，切成滚刀块。

2. 锅入油烧热，放入葱段炒香，放入牛肉块，加入适量清水，煮至牛肉块软烂，放入胡萝卜块，加盐、番茄酱炖至胡萝卜熟透，撒胡椒粉、香菜段，出锅即可。

红汤牛肉

原料 牛肉300克，胡萝卜、土豆、洋葱、圆白菜各100克

调料 姜片、香叶、胡椒粉、番茄酱、黄油、料酒、盐、香菜段各适量

做法

1. 土豆去皮洗净，切块。胡萝卜洗净，切滚刀块。圆白菜洗净，切大块。洋葱去外皮，切块。

2. 牛肉洗净，切大块，放入沸水锅中稍煮，捞出。

3. 锅入黄油烧化，放入洋葱块煸炒，再放入土豆块、胡萝卜块、圆白菜块，加入胡椒粉、料酒、姜片、盐、香叶、番茄酱、牛肉及煮牛肉的汤，煲至熟透入味，撒上香菜段，出锅即可。

牛肝菌豆腐汤

原料 黑牛肝菌300克，内酯豆腐200克，番茄、豆苗各50克

调料 胡椒粉、葱油、鲜汤、盐各适量

做法

1. 黑牛肝菌洗净，切丝。番茄洗净，切丝；豆苗洗净。

2. 内酯豆腐放在盐水中浸泡10分钟，切丝。

3. 锅置火上，倒入鲜汤，下入黑牛肝菌丝、内酯豆腐丝、盐、胡椒粉同煮，待汤汁滚沸、豆腐丝浮起时，放入番茄丝、豆苗，淋葱油，出锅即可。

砂锅煨牛筋

原料 熟牛筋350克，豆腐150克，冬笋、白菜各100克，香菇50克

调料 葱末、姜末、植物油、料酒、酱油、白糖、毛汤、盐各适量

做法

1. 豆腐洗净切成块，上笼蒸一下。冬笋洗净，切成片。白菜洗净，切段。熟牛筋切成长条。香菇洗净。

2. 锅入油烧热，下入葱末、姜末煸出香味，加入熟牛筋条，烹入料酒，加入酱油、毛汤烧开，下入白糖，然后全部放入砂锅，放入冬笋片、豆腐块、香菇，加盐调味，烧开后移小火上煨熟，待汤汁肥浓时，加入白菜烧透，出锅即可。

牛髓真菌汤

原料 牛骨髓300克，鸡腿菇、菜心、滑子菇各50克

调料 料酒、高汤、胡椒粉、香油、色拉油、盐各适量

做法

1. 牛骨髓洗净，切成长段，氽水洗净，捞出。

2. 鸡腿菇、滑子菇洗净，切成片。菜心洗净，切成段。

3. 锅入油烧热，放入鸡腿菇、滑子菇煸炒，加入高汤、菜心段、牛骨髓煮沸，调入料酒、盐、胡椒粉煮开，淋香油，出锅即可。

番茄牛尾汤

原料 牛尾、番茄各300克，洋葱100克

调料 葱段、葱花、蒜片、胡椒粉、牛骨汤、盐各适量

做法

1. 牛尾剁成块，余水洗净。番茄洗净去皮，切块。洋葱洗净，切成片。

2. 锅入清水，放入牛尾块、葱段，加牛骨汤炖熟，拣去葱段，加入番茄块、洋葱片、蒜片，炖至牛尾酥烂，撒上葱花，加入盐、胡椒粉调味，出锅即可。

功效 补气养血，滋颜养容。

香草牛尾汤

原料 牛尾300克，胡萝卜、洋葱各50克

调料 香菜段、葱花、香茅草、番茄酱、XO酱、片糖、植物油、料酒、盐各适量

做法

1. 牛尾洗净，剁成段，焯水捞出。胡萝卜洗净，切成丁。洋葱洗净，切成丁。

2. 锅入植物油烧热，下入胡萝卜丁、洋葱丁炒香，加入料酒、香茅草、番茄酱、XO酱、片糖、盐调味，放入牛尾段煲至熟透，撒香菜段、葱花，出锅即可。

羊肉粉皮汤

原料 羊肉250克，水发粉皮150克，枸杞适量

调料 葱段、姜块、料酒、盐各适量

做法

1. 羊肉剁成小段，放入沸水中焯水洗净。粉皮切成块。

2. 锅入清水，放入羊肉段、姜块、葱段、枸杞，调入料酒，煮沸后撇去浮沫，加盖炖至羊肉段熟烂，再加入粉皮炖至熟透，加盐调味，出锅即可。

提示 羊肉要新鲜，这样炖出来的汤才新鲜营养。

原料 熟羊肉300克，青萝卜200克

调料 生姜、香菜、胡椒粉、醋、盐各适量

做法

1. 熟羊肉洗净，切成2厘米见方的小块。

2. 青萝卜洗净，切成3厘米见方的小块。香菜洗净，切段。生姜洗净，切片。

3. 锅入清水，放入羊肉块、姜片、盐，旺火烧开，改用小火煮至羊肉熟透，放入青萝卜块煮熟，加入香菜段、胡椒粉、醋调味即可。

萝卜羊肉汤

羊肉炖萝卜

原料 羊肉500克，白萝卜300克

调料 香菜段、生姜、胡椒粉、醋、盐各适量

做法

1. 羊肉洗净，切成2厘米见方的块。白萝卜洗净，切成3厘米见方的块。生姜洗净，切片。

2. 锅入清水，放入羊肉、姜片、盐，旺火烧开，改小火煎熬至羊肉熟烂，再放入白萝卜块炖熟，加入香菜段、胡椒粉、醋调味即可。

酸菜炖羊肚

原料 羊肚400克，酸菜300克

调料 葱末、姜末、蒜末、香菜末、植物油、料酒、胡椒粉、香油、盐各适量

做法

1. 羊肚洗净，切丝，放入沸水中稍余，捞出控水。酸菜洗净，切丝。

2. 锅入植物油烧热，下入葱末、姜末、蒜末爆香，放入羊肚丝、酸菜丝煸炒出香味，烹入料酒，加适量清水烧开，加入盐、胡椒粉调味，撒上香菜末，淋入香油，出锅即可。

枸杞炖兔肉

原料 兔肉300克，枸杞20克

调料 生姜、盐各适量

做法

1. 兔肉洗净，放入沸水锅中汆烫片刻，切成小块。生姜洗净，切块。

2. 砂锅置旺火上，放入兔肉块、枸杞、姜块，加入适量水，用旺火烧沸，转小火慢炖至兔肉熟烂，加入盐调味，出锅装碗即可。

功效 滋养肝肾，补益气血。

青萝卜炖野兔

原料 野兔300克，青萝卜200克

调料 葱片、姜片、蒜片、干辣椒、花椒、料酒、植物油、酱油、胡椒粉、白糖、盐各适量

做法

1. 青萝卜洗净，切滚刀块。野兔洗净，切块，入沸水锅中焯水，捞出。干辣椒洗净，切段。

2. 锅入油烧热，下入干辣椒段、葱片、姜片、蒜片、花椒爆锅，放入兔肉块，加入酱油、料酒，翻炒一会儿，加入萝卜、白糖、盐调味，加入适量清水，小火炖至兔肉块熟烂，待汤汁浓稠，撒上胡椒粉，出锅即可。

百鸟朝凤

原料 童子鸡500克，速冻鲜肉馄饨200克

调料 葱末、香菜末、胡椒粉、盐各适量

做法

1. 童子鸡处理干净，洗净血水，剁成块，下入凉水锅煮出血污。

2. 砂锅置火上，倒入适量水，放入鸡块烧开，撇去浮沫，加入盐，转中小火炖熟，下入鲜肉馄饨烧熟，撒胡椒粉、葱末、香菜末出锅即可。

原料 青木瓜200克，花生100克，猪骨、鸡爪各300克，红枣50克

调料 盐适量

做法

1. 鸡爪、猪骨洗净，入沸水锅中焯一下，洗净血沫，捞出备用。

2. 花生放入温水中浸泡。红枣洗净，去核。青木瓜洗净，去皮、籽，切块。

3. 锅中加水煮开，放入鸡爪、猪骨、红枣、花生、木瓜块，旺火煮10分钟，再用小火煮至猪骨熟烂，加盐调味，出锅即可。

木瓜凤爪汤

香菇炖老鸡

原料 土鸡300克，香菇100克，枸杞适量

调料 葱末、姜片、盐各适量

做法

1. 土鸡洗净，切成块，入沸水锅中焯煮片刻，捞出，洗净血沫。香菇去蒂，洗净。

2. 锅中加入清水，放入鸡块、香菇、姜片、枸杞，旺火煮开后转小火，煮至鸡块熟烂，撒葱末，加入盐调味，出锅即可。

捶烩鸡丝

原料 鸡脯肉300克，冬笋、水发木耳各25克

调料 香菜段、葱丝、姜丝、鸡汤、淀粉、酱油、绍酒、盐各适量

做法

1. 鸡肉洗净，加入绍酒、盐略腌，裹匀淀粉，放在案板上，用木槌轻轻捶打，边捶边撒淀粉，使鸡肉延展成半透明的大薄片，切成丝。冬笋、水发木耳分别洗净，切成丝。

2. 锅入水烧沸，放入鸡丝滑散，加入鸡汤、冬笋丝、木耳丝、葱丝、姜丝、盐、绍酒、酱油烩至汤汁浓稠，撒香菜段，出锅即可。

醋椒鸡片汤

原料 嫩鸡脯肉300克，玉兰片、黄瓜各100克，蛋清50克

调料 香菜段、胡椒粉、姜汁、醋、料酒、香油、水淀粉、盐各适量

做法

1. 鸡脯肉、玉兰片、黄瓜分别洗净，切成片。鸡脯肉片加入蛋清、水淀粉抓匀。

2. 锅中倒入清水，放入盐、料酒、姜汁烧沸，放入鸡脯肉片、玉兰片煮熟，将鸡脯肉片、玉兰片捞入汤碗中，撇去浮沫，锅中放入胡椒粉、黄瓜片、香油、醋、香菜段，待汤汁煮开，倒入汤碗中即可。

芦笋鸡丝汤

原料 芦笋100克，鸡胸肉150克，金针菇50克，蛋清30克，豌豆苗20克

调料 水淀粉、鸡油、鸡汤、盐各适量

做法

1. 鸡胸肉洗净，切成丝，用水淀粉、蛋清、盐腌拌入味。芦笋洗净去皮，切成段。金针菇去根，冲洗干净。

2. 豆苗择取嫩心，洗净。鸡肉丝先用沸水烫熟，待肉丝散开，捞出沥干。

3. 锅入鸡汤，放入鸡胸肉丝、芦笋段、金针菇同煮，待锅煮开，放入豆苗煮熟，加入盐调味，淋入鸡油即可。

椰奶香芋鸡煲

原料 海南文昌鸡500克，荔浦芋头300克

调料 香菜段、蒜蓉、白糖、植物油、椰奶、鲜奶、料酒、酱油、盐各适量

做法

1. 芋头洗净，切成块，放入六成热油锅中炸至呈金黄色，捞出沥油。

2. 光鸡洗净，斩件，用盐、酱油腌渍入味。

3. 锅入油烧热，下入蒜蓉爆香，放入鸡块，烹入料酒，放入芋头块，加入盐、白糖炒匀，盖上盖子，煲至芋头软烂，装入砂锅中，加入椰奶、鲜奶烧开，撒香菜段，出锅即可。

沙参老鸭煲

（原料）老鸭500克，沙参10克，枸杞子适量

（调料）盐4克，姜片5克，香菜段适量

（做法）

1. 老鸭洗净，斩块，氽水；沙参洗净备用；枸杞子洗净。

2. 净锅上火，倒入适量清水，下入老鸭、沙参、枸杞子、姜片煲至熟，加盐调味，撒香菜段拌匀即可。

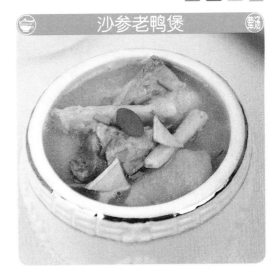

清汤柴把鸭

（原料）鲜鸭肉500克，熟火腿、水发玉兰片、水发香菇、莴笋各50克

（调料）葱段、胡椒粉、鸡油、鸡清汤、熟猪油、盐各适量

（做法）

1. 鲜鸭肉煮熟，剔骨切条；水发香菇去蒂洗净切丝；水发玉兰片洗净切丝；火腿切丝，莴笋洗净，切粗丝。

2. 鸭肉条、火腿丝、玉兰片丝、香菇丝用莴笋丝捆紧，码盘，加入熟猪油、盐、鸡清汤，入笼蒸熟取出，原汤滗入炒锅，鸭条放在汤碗中。

3. 在原汤中加鸡清汤煮开，去泡沫，放入盐、葱段，倒入汤碗中，撒上胡椒粉，淋鸡油即可。

板栗老鸭煲

（原料）栗子200克，老鸭500克，冬瓜100克，枸杞适量

（调料）葱花、姜片、陈皮、盐各适量

（做法）

1. 栗子去壳、去皮，洗净。老鸭处理干净，切成块，入沸水中焯烫片刻，捞出洗净。陈皮用清水泡软。冬瓜洗净，切薄片。

2. 锅中放入水，放入老鸭块、栗子、冬瓜片、陈皮、姜片，用旺火煮开，改小火煮至鸭肉熟烂，加入盐调味，撒上枸杞、葱花出锅即可。

牛奶鲫鱼汤 荤汤

原料 鲫鱼450克，白萝卜、胡萝卜各120克，枸杞10克

调料 姜片、葱段、胡椒粉、植物油、奶粉、盐各适量

做法

1. 鲫鱼去鳞、内脏、鳃，洗净。白萝卜、胡萝卜分别洗净，切条。

2. 锅入油烧热，下入鲫鱼煎至半熟，加入适量清水，放入姜片、葱段、枸杞、胡椒粉，旺火煮开转中小火清炖5分钟，加入胡萝卜条、白萝卜条炖20分钟，加入奶粉、盐调味，出锅即可。

黄豆芽炖鲫鱼 荤汤

原料 鲫鱼400克，黄豆芽150克

调料 葱丝、姜丝、香菜段、鲜汤、植物油、香油、料酒、盐各适量

做法

1. 鲫鱼洗净，鱼身两侧切成十字花刀，放入沸水中焯一下，捞出，放清水投凉，去膛内黑膜，洗净控干。黄豆芽洗净。

2. 锅入油烧热，下葱丝、姜丝爆香，加入鲜汤、料酒煮沸，放入鲫鱼、黄豆芽烧沸，加入盐调味，旺火炖熟入味，捞出鲫鱼放入汤碗中，再倒入汤、黄豆芽，撒香菜段，淋香油即可。

南瓜鱼肉汤 荤汤

原料 南瓜200克，草鱼肉100克

调料 葱末、姜末、胡椒粉、高汤、植物油、盐各适量

做法

1. 南瓜去皮洗净，切小块。草鱼肉洗净，入蒸锅蒸4分钟，取出撕成小块。

2. 锅入油烧热，下入葱末、姜末爆香，放入南瓜块、高汤，煮至南瓜块软烂，捣成碎，加入盐、胡椒粉调味，撒入鱼肉块煮开后出锅即可。

牛蒡黑鱼汤 荤汤

原料 黑鱼1条(约600克)，牛蒡150克，枸杞适量

调料 葱段、姜片、熟猪油、料酒、盐各适量

做法

1. 黑鱼洗净，切成大块，沥干。牛蒡去皮，切块，放入沸水中焯水，控干。

2. 锅入熟猪油烧热，放入葱段、姜片爆香，再放入鱼块煎片刻，加料酒、水、牛蒡块、枸杞，改中火炖15分钟，加入盐调味，出锅即可。

茧儿羹

原料 黑鱼肉200克，油菜心100克，蛋清20克，枸杞适量

调料 葱末、姜末、清汤、猪油、香油、料酒、盐各适量

做法

1. 黑鱼肉剁碎，加入葱末、姜末、料酒、蛋清、猪油、盐，搅至上劲成黏糊状。油菜心洗净。

2. 汤锅放入清汤烧热，把鱼肉挤成蚕茧状入锅，加入料酒、盐煮片刻，待鱼圆全都漂在汤面上，放入油菜心、枸杞烧开，淋入香油即可。

青瓜煮鱼片

原料 青瓜350克，鲈鱼肉300克，皮蛋1个

调料 香菜段、姜丝、高汤、胡椒粉、食用油、香油、料酒、白糖、盐各适量

做法

1. 鲈鱼肉洗净，切片。青瓜去皮、瓤，洗净，切片。皮蛋切丁。

2. 锅入油烧热，放入姜丝爆香，加入料酒、高汤、盐、白糖、青瓜片、皮蛋煮3分钟，再放入鱼片继续煮5分钟，撒胡椒粉、香菜段，淋香油，出锅即可。

鳙鱼补脑汤

原料 鳙鱼头800克，香菇35克，虾仁、鸡肉丁各50克

调料 葱末、姜末、胡椒粉、天麻片、植物油、猪油、盐各适量

做法

1. 鳙鱼头洗净。香菇放入温水中浸泡。

2. 锅入油烧热，放入鳙鱼头煎烧片刻，加入香菇、虾仁、鸡肉丁略炒，放入天麻片、清水、猪油、葱末、姜末、盐、胡椒粉，煮开后小火再煮20分钟，出锅即可。

酸菜鱼

原料 鲤鱼500克，四川酸菜200克，红泡椒、蛋清各20克

调料 香菜段、姜片、蒜片、野山椒、植物油、胡椒粉、水淀粉、盐各适量

做法

1. 四川酸菜洗净，改刀切片。鲤鱼洗净，切片，加盐、胡椒粉、蛋清、水淀粉抓匀。

2. 锅入油烧热，入野山椒、红泡椒、姜片爆香，入四川酸菜，慢炒1分钟，倒入清水、盐、胡椒粉烧开，放入鱼片煮熟，撒上蒜片、香菜段即可。

倍炖目鱼条

原料 比目鱼500克，鸡蛋液20克

调料 葱花、姜丝、淀粉、花椒、植物油、高汤、料酒、醋、盐各适量

做法

1. 比目鱼撕去皮，处理干净，剁成块，放入盆内，加入料酒、盐腌入味；花椒放入碗中，倒入沸水泡一会。

2. 锅入油烧热，比目鱼条蘸匀淀粉，逐块蘸鸡蛋液下入锅中，煎至两面呈浅金黄色，倒入漏勺控油。

3. 另起锅倒入高汤，放入料酒、盐、醋、比目鱼条烧开，撇去浮沫，移小火炖透，视汤浓白，旺火烧开，倒入泡好的花椒水，烧开后倒入汤碗中，放入姜丝、葱花即可。

西湖鱼肚羹

原料 水发鱼肚400克，番茄、洋葱各30克，蛋清20克

调料 生抽、黄酒、高汤、水淀粉、色拉油、香油、胡椒粉、盐各适量

做法

1. 水发鱼肚洗净，切成粒，放入沸水中氽水，捞出控水。番茄洗净，切丁。洋葱去皮洗净，切丁。

2. 锅入油烧热，放入番茄丁、洋葱丁、黄酒炒香，加入盐、胡椒粉、生抽调味，加入高汤烧开，放入鱼肚，用水淀粉勾芡，打入蛋清，淋香油，出锅即可。

家常鲅鱼汤

原料 鲅鱼500克，豌豆苗、熟火腿片各25克，水发木耳20克，番茄30克

调料 葱末、白胡椒粉、绍酒、鸡汤、食用油、番茄酱、盐各适量

做法

1. 番茄洗净，切成片；水发木耳洗净，撕成片；豆苗洗净。

2. 鲅鱼洗净剔下鱼肉，撕去肉上的黑膜，切成块，加盐拌匀，滗去汁水，放入葱末、绍酒拌匀。

3. 锅入油烧热，放入番茄片、番茄酱炒香，放入鸡汤煮沸，加入鱼肉块、绍酒、盐，煮沸后去浮沫，下入火腿片、木耳，烧沸后加豌豆苗、白胡椒粉调味，撒葱末即可。

三鲜鳝丝汤

原料 鳝鱼、黄瓜各50克，猪瘦肉丝20克，鸡蛋1个

调料 葱丝、姜丝、胡椒粉、盐、料酒、鲜汤、植物油、香油、水淀粉各适量

做法

1. 鳝鱼洗净，放入沸水中烫熟，切成丝。黄瓜削皮去瓤，洗净，切成丝。鸡蛋打匀成蛋液，煎成蛋皮，切细丝。

2. 锅入油烧热，下入葱丝、姜丝爆香，加入鲜汤烧开，放入猪瘦肉丝，烹入料酒，投入鳝鱼丝、黄瓜丝、蛋皮丝，加入盐、胡椒粉，汤煮开后，放入水淀粉勾芡起锅，盛入汤碗内，撒葱丝，淋入香油即可。

上汤双色墨鱼丸

原料 墨鱼200克，胡萝卜、菠菜各50克，鸡蛋1个

调料 香菜段、胡椒粉、淀粉、香油、料酒、盐各适量

做法

1. 胡萝卜洗净，切块，煮熟。菠菜洗净，入沸水焯水。鸡蛋打入碗中，搅匀成鸡蛋液。

2. 墨鱼洗净，取肉，放入搅拌机中，加入盐、鸡蛋液、胡椒粉、料酒、淀粉打成泥，分成两半，一半加胡萝卜打成红色，另一半加菠菜打成绿色，制成红、绿墨鱼丸。

3. 锅入清水，下入红、绿墨鱼丸，旺火煮熟，加入盐、胡椒粉调味，装汤盘中，撒香菜段，淋香油，出锅即可。

笔管鱼炖豆腐

原料 笔管鱼300克，豆腐200克，竹笋100克

调料 香菜末、葱末、姜末、胡椒粉、料酒、植物油、香油、盐各适量

做法

1. 笔管鱼取出软骨、墨斗，洗净。

2. 豆腐洗净，切块。竹笋洗净，切片。

3. 锅入油烧热，放入葱末、姜末爆香，加入豆腐块略煎，下料酒、清水、竹笋片，旺火烧开，炖至汤变白，加入笔管鱼，调入盐、胡椒粉，略炖后倒入汤碗中，撒香菜末，淋香油即可。

咸肉河蚌汤 （羹汤）

原料 河蚌300克，咸肉100克，油菜心50克

调料 葱片、姜片、料酒、盐、胡椒粉、植物油各适量

做法

1. 河蚌洗净，放入锅中，加入清水、葱片、姜片、料酒，烧开后煮5分钟捞出，洗净，切小块。咸肉洗净，切片。油菜心洗净。

2. 锅入油烧热，放入葱片、姜片、料酒爆香，加入水、咸肉、河蚌肉煮熟，放入盐、胡椒粉调味，放入油菜心煮熟，出锅即可。

胡椒汤煮花蚬 （羹汤）

原料 海蚬500克，冬瓜块200克

调料 葱段、姜片、鱼露、鸡汤、米酒、花生油、白胡椒粒、黑胡椒粒、白糖、盐各适量

做法

1. 海蚬放入清水中静养，使其吐出体内杂质，备用。

2. 锅入油烧热，放入姜片、葱段爆香，下入冬瓜块翻炒，烹入米酒，加入鸡汤、黑胡椒粒、白胡椒粒，慢火煮10分钟，至胡椒香味溢出，放入海蚬滚开，加入盐、白糖、鱼露调味拌匀，出锅即可。

萝卜蛏子汤 （羹汤）

原料 蛏子500克、萝卜150克

调料 葱段、姜片、蒜末、鲜汤、胡椒粉、食用油、料酒、盐各适量

做法

1. 蛏子洗净，入沸水中略烫，捞出，取出蛏子肉。

2. 萝卜洗净，削去外皮，切成细丝，放入沸水锅中略烫去苦涩味，捞出，沥净水分。

3. 锅入油烧热，下入葱段、姜片、蒜末爆香，倒入鲜汤，加入料酒、盐、胡椒粉烧沸，放入蛏子肉、萝卜丝，煮至萝卜熟透，出锅即可。

蛤蜊炖丝瓜 （羹汤）

原料 蛤蜊250克，丝瓜100克，红尖椒50克

调料 香菜末、葱花、胡椒粉、植物油、盐各适量

做法

1. 蛤蜊加入盐水使其吐净泥沙，洗净备用。

2. 丝瓜去皮，洗净，切滚刀块。红尖椒洗净，切条。

3. 锅入油烧热，下入葱花爆香，放入蛤蜊炒几下，加入丝瓜略炒，倒入清水炖至蛤蜊开口，放入尖椒条，再加入盐、胡椒粉调味，撒香菜末即可。

Part 4

主食，哪种最快做哪种

　　主食是餐桌上必不可少的食物，它是身体所需能量的主要来源。选做快速的主食，食材的选购和制作方法尤为重要。稻米、小米、玉米、土豆、红薯等食材，含有丰富碳水化合物及身体所需的各种能量，经常被用来制作各种主食。在本章中，我们精心选取了方法简单、营养可口的主食佳肴，让您的餐桌因主食而丰富多彩。

泰皇炒饭 米饭

原料 米饭300克，虾仁、蟹柳各50克，菠萝、芥蓝、洋葱、青椒、红椒各20克，鸡蛋1个

调料 植物油、泰皇酱、葱花各适量

做法

1. 青椒、红椒去蒂洗净，切粒。洋葱洗净，切粒。菠萝去皮，切粒。鸡蛋打入碗中，搅匀成蛋液。

2. 锅入油烧热，入鸡蛋液炸至成蛋花，将青椒粒、红椒粒、洋葱粒、菠萝粒、蟹柳、芥蓝、虾仁爆炒至熟，倒入米饭一起炒香，加入泰皇酱炒匀，撒葱花，出锅即可。

山椒脆骨饭 米饭

原料 鸡脆骨250克，白米饭200克，黄瓜50克

调料 蒜、胡椒粉、芝麻、山椒酱、生粉、盐各适量

做法

1. 黄瓜洗净，切成丝。蒜磨成蒜泥。鸡脆骨洗净，撒上盐、胡椒粉、生粉，抹上蒜泥，浇上山椒酱，铺入碗中。

2. 白米饭加热，铺入盘中。

3. 将脆骨放在蒸锅中蒸10分钟，取出反扣在白米饭上，放上黄瓜丝，撒上芝麻即可。

土豆焖饭 米饭

原料 土豆200克，猪五花肉100克，熟米饭250克

调料 香菜段、葱末、姜末、蒜末、酱油、食用油、盐各适量

做法

1. 土豆去皮洗净，煮熟切块。猪五花肉洗净，切成丁。

2. 锅入油烧热，放入切好的五花肉丁、土豆块、葱末、姜末、蒜末，煸炒至五成熟，倒入酱油、熟米饭，加入盐调味，翻炒均匀，撒香菜段，出锅即可。

红苋菜香油蒸饭 米饭

原料 红苋菜、玉米粒各100克，大米300克

调料 蒜片、胡椒油、盐各适量

做法

1. 红苋菜洗净，切段。

2. 锅入胡椒油烧热，放入蒜片爆香，加入红苋菜段，加入盐调味，炒至出水后捞起，沥干。

3. 大米洗净，沥干水分，与炒好的红苋菜、玉米粒拌匀，上蒸笼蒸熟即可。

虾仁筒子饭 （米饭）

原料 香米300克，腊肉、虾仁各100克，青豆、葡萄干各50克

调料 盐适量

做法

1. 香米洗净，用清水浸泡好，捞出放入器皿中。

2. 虾仁洗净，去虾线。青豆、葡萄干分别洗净。腊肉洗净，切成块。

3. 香米放入蒸锅中蒸至水分稍干，放入腊肉、虾仁、青豆、葡萄干、盐，蒸熟即可。

腊肉香肠蒸饭 （米饭）

原料 腊肉、广式香肠、油菜各50克，大米300克

调料 生抽、老抽、香油、橄榄油、白糖各适量

做法

1. 大米洗净，浸泡10分钟。油菜洗净，放入沸水中焯1分钟，捞起。腊肉、香肠切片，放在水里浸泡5分钟，捞出。

2. 大米中放入橄榄油，上蒸笼用旺火蒸至八成熟，取出，摆上腊肉、香肠、油菜，继续蒸熟。

3. 将老抽、生抽、白糖、香油调成味汁，浇在米饭上，拌匀即可。

红枣焖南瓜饭 （米饭）

原料 红枣50克，南瓜100克，大米300克

调料 食用油、白糖各适量

做法

1. 大米淘洗干净，泡发。红枣用温水泡一会，洗净。南瓜去皮洗净，切丁。

2. 将大米、红枣、南瓜丁放入蒸饭锅中，加适量水、白糖，滴几滴食用油，盖上盖，开锅焖6分钟，装碗即可。

红椒炒饭 （米饭）

原料 熟大米饭300克，鸡蛋2个，朝天椒30克

调料 食用油、葱花、花椒面、盐各适量

做法

1. 朝天椒洗净，切末。鸡蛋打入碗中，搅匀成鸡蛋液。

2. 锅入油烧热，放入鸡蛋液炒熟，放入大米饭混合炒匀，米饭热透后放入少许盐，下入朝天椒、葱花、花椒面，炒匀出锅即可。

腊味蛋炒饭 米饭

原料 粳米饭200克，腊肉、腊鸡肉、腊咸鱼、冬笋各25克，熟青豆、水发香菇各10克，鸡蛋1个

调料 胡椒粉、植物油、酱油、盐各适量

做法

1. 腊肉、腊鸡肉、腊咸鱼洗净，放入蒸锅蒸20分钟取出，分别去骨，切丁。冬笋、水发香菇洗净，分别切丁。鸡蛋打入碗中，搅匀成鸡蛋液。

2. 油锅烧热，放入腊肉丁、腊鸡丁、腊咸鱼丁、熟青豆、水发香菇丁、冬笋丁过油至熟，捞出。

3. 锅入油烧热，放入蛋液炒匀，再放入腊肉丁、腊鸡丁、腊咸鱼丁、青豆、水发香菇丁、冬笋丁，加入酱油，放入米饭炒匀，加入盐、胡椒粉炒出香味，装盘即可。

麻婆茄子饭 米饭

原料 肉末、茄子各100克，米饭300克，辣椒末适量

调料 葱末、姜末、蒜末、水淀粉、花生油、花椒油、郫县豆瓣酱、花雕酒、白糖、盐各适量

做法

1. 茄子洗净，切小段，放入油锅炸透，沥去油。

2. 米饭盛入碗中，备用。

3. 锅入油烧热，加入葱末、姜末、蒜末、辣椒末爆香，加入肉末翻炒，加入适量郫县豆瓣酱炒匀，放入炸好的茄子，加入花雕酒、白糖、盐、适量水，煮开翻匀后略煮一会儿，加入少许水淀粉，淋花椒油，倒入盛米饭的碗中，拌匀即可。

西式炒饭 米饭

原料 大米150克，胡萝卜、洋葱、青豆、粟米、火腿、叉烧肉各50克

调料 茄汁、白糖、色拉油、盐各适量

做法

1. 大米淘洗干净，放入蒸饭锅中，加入水，煮熟成米饭。

2. 胡萝卜洗净，切粒。火腿切粒。叉烧肉切粒。青豆、粟米洗净。洋葱去皮洗净，切粒。

3. 锅入油烧热，放入胡萝卜粒、青豆、粟米、洋葱粒、火腿粒、叉烧肉粒翻炒，加入茄汁、白糖、盐调入味，下入熟米饭炒匀，出锅即可。

（原料）熟米饭300克，鸡蛋2个，卤鹅肝、虾仁、墨鱼、圆白菜各50克，火腿丁20克

（调料）葱花、食用油、花椒粉、盐各适量

（做法）

1. 卤鹅肝洗净，切丁。虾仁、墨鱼洗净，切丁，放入沸水中焯水，沥干水分。鸡蛋打入碗中，搅匀成鸡蛋液。圆白菜洗净，切丁。

2. 锅入油烧热，下入葱花爆香，放入鸡蛋液炒散，再放入鹅肝丁、虾仁丁、墨鱼丁、圆白菜丁、火腿丁、熟米饭翻炒，加入盐调味，撒花椒粉炒匀，出锅即可。

鹅肝海鲜炒饭 米饭

紫米糕 米饭

苹果咖喱饭 米饭

（原料）紫米200克，江米、熟莲子、果料、桂花、金糕、青梅各50克

（调料）植物油、白糖各适量

（做法）

1. 紫米、江米分别洗净，放入锅中煮熟，取出，放入白糖、植物油拌匀，再回锅蒸20分钟。

2. 熟莲子、金糕、青梅分别洗净，剁成碎丁。紫米、江米蒸熟后，取出用湿布揉匀，加上桂花再揉滋润，备用。

3. 揉好的米糕倒入抹过油的不锈钢盘中，上面撒上切碎的青梅、金糕、莲子、果料，用重物压实，放入冰箱，吃时取出切成小块即可。

（原料）秋葵100克，苹果、菜花、胡萝卜、白萝卜、芋头各50克，水发干香菇、牛蒡、土豆、杏鲍菇各25克，发芽糙米200克

（调料）素咖喱粉、素咖喱块、盐、油、葱花各适量

（做法）

1. 发芽糙米洗净煮熟。胡萝卜、白萝卜、牛蒡分别洗净，切块，用沸水烫过放凉。苹果刨丝。

2. 芋头、土豆、干香菇、杏鲍菇洗净，切块。菜花洗净，切小朵。秋葵洗净，放入热水中烫熟。

3. 锅入油烧热，放入苹果丝、素咖喱粉炒香，加杏鲍菇块、芋头块、土豆块、胡萝卜块、白萝卜块、牛蒡块、干香菇块、素咖喱块、盐、水炖煮入味，加菜花、秋葵、葱花，淋在糙米饭上即可。

冬瓜银杏姜粥 粥

原料 冬瓜150，银杏100克，大米200克

调料 葱花、姜末、高汤、胡椒粉、盐各适量

做法

1. 银杏去壳、皮，洗净。冬瓜去皮洗净，切块。大米洗净，泡发。

2. 锅置火上，倒入清水，放入大米、银杏，用旺火煮至米粒完全开花，再放入冬瓜块、姜末，倒入高汤，改用文火煮至成粥，调入盐、胡椒粉入味，撒上葱花即可。

土豆芦荟粥 粥

原料 土豆150克，芦荟100克，大米200克

调料 盐适量

做法

1. 大米洗净，泡发后捞起沥水。芦荟洗净，切片。土豆去皮洗净，切块。

2. 锅置火上，倒入清水，放入大米用旺火煮至米粒绽开，放入土豆块、芦荟片，用小火煮至成粥，调入盐入味，装碗即可。

家常鸡腿粥 粥

原料 大米300克，鸡腿肉200克

调料 葱花、料酒、胡椒粉、盐各适量

做法

1. 大米淘洗干净，泡发。鸡腿肉洗净，切成小块，用料酒腌渍片刻。

2. 锅中加入适量清水，下入大米，旺火煮沸，放入腌好的鸡腿块，中火熬至米粒软散，改小火，待粥熬出香味，加盐、胡椒粉调味，撒入葱花即可。

小白菜萝卜粥 粥

原料 小白菜100克，胡萝卜、大米各200克

调料 香油、盐各适量

做法

1. 小白菜洗净，切丝。胡萝卜洗净，切小块。大米淘洗干净，泡发。

2. 锅中加入适量清水，放入大米，用旺火煮至米粒绽开，放入胡萝卜块、小白菜丝，用小火煮至成粥，放入盐调味，淋香油即可。

枸杞山药瘦肉粥 粥

原料 山药、猪肉各200克，大米100克，枸杞20克

调料 葱花、盐各适量

做法

1. 山药去皮洗净，切块。猪肉洗净，切块。枸杞洗净。大米淘洗干净，泡发。

2. 锅入适量清水，下入大米、山药块、枸杞，旺火烧开，改中火，下入猪肉块，煮至猪肉熟透，改小火煮至成粥，加入盐调味，撒上葱花即可。

枸杞木瓜粥 粥

原料 木瓜100克，糯米200克，枸杞20克

调料 葱花、白糖各适量

做法

1. 糯米洗净，用清水浸泡。枸杞洗净。木瓜洗净切开取果肉，切成小块。

2. 锅置火上，放入糯米，加入适量清水煮至八成熟，放入木瓜块、枸杞煮至米烂，加入白糖调匀，撒上葱花即可。

枸杞牛肉莲子粥 粥

原料 牛肉100克，大米200克，枸杞、莲子各20克

调料 葱花、盐各适量

做法

1. 牛肉洗净，切片。莲子洗净，放入水中浸泡，挑去莲心。枸杞洗净。大米淘洗干净，泡发。

2. 锅置火上，放入大米，加适量清水，旺火烧沸，下入枸杞、莲子，转中火熬至米粒开花，放入牛肉片，用慢火将粥熬出香味，加盐调味，撒上葱花即可。

桂圆糯米粥 粥

原料 桂圆肉100克，糯米200克

调料 姜丝、白糖各适量

做法

1. 糯米淘洗干净，放入清水中浸泡。

2. 锅置火上，放入糯米，加入适量清水煮至成粥，放入桂圆肉、姜丝，煮至米烂后，加入白糖调匀，装碗即可。

桂花鱼糯米粥 粥

原料 糯米200克，净桂花鱼、猪五花肉各100克，枸杞20克

调料 葱花、姜丝、香油、料酒、盐各适量

做法

1. 糯米洗净，用清水浸泡。桂花鱼洗净用料酒腌渍片刻。五花肉洗净，切块，蒸熟备用。

2. 锅置火上，倒入清水，放入糯米煮至五成熟，放入桂花鱼、猪五花肉块、枸杞、姜丝，煮至米粒开花，加盐、香油调匀，撒上葱花即可。

海参鸡心红枣粥 粥

原料 水发海参2个，鸡心、红枣各50克，大米200克

调料 葱花、姜末、胡椒粉、卤汁、盐各适量

做法

1. 鸡心洗净，放入烧沸的卤汁中卤熟，捞出切片。发好的海参洗净泥沙杂质。大米淘净，泡好。红枣洗净，去核。

2. 锅中加入适量清水，下入大米旺火煮沸，下入鸡心、红枣、姜末，转中火熬煮至米粒绽开，改小火，熬煮至鸡心熟透、米烂，加入海参，加入盐、胡椒粉调味，撒上葱花即可。

海参小米粥 粥

原料 水发海参200克，小米150克，南瓜50克，枸杞10克

调料 盐适量

做法

1. 南瓜洗净，切小块。小米淘净，泡发。枸杞用温水泡洗一下。海参去内脏杂质，洗净，用沸水烫一下。

2. 锅入适量清水，下入小米、南瓜块，待小米熬煮成粥，放入海参、枸杞、盐，开锅即可。

毛豆糙米粥 粥

原料 毛豆100克，糙米200克

调料 盐适量

做法

1. 糙米洗净，泡发。毛豆洗净。

2. 锅置火上，倒入清水，放入糙米、毛豆煮开，待粥至浓稠状时，加入盐调味，装碗即可。

牛筋三蔬粥

原料 水发牛蹄筋、糯米各200克，胡萝卜、玉米粒、豌豆各100克

调料 盐适量

做法

1. 胡萝卜洗净，切丁。糯米淘净，泡发。牛蹄筋洗净，入锅炖熟，切条。玉米粒、豌豆分别洗净。

2. 锅入清水，放入糯米，旺火烧沸，下入牛蹄筋条、玉米、豌豆、胡萝卜丁，转中火熬煮至九成熟，改小火熬煮至浓稠状，加入盐调味，装碗即可。

牛肉菠菜粥

原料 牛肉、菠菜、红枣各100克，大米300克

调料 姜丝、胡椒粉、盐各适量

做法

1. 菠菜洗净，切碎。红枣洗净，去核。大米淘净，泡发。牛肉洗净，切片。

2. 锅中加入适量清水，下入大米、红枣，旺火烧开，下入牛肉片、姜丝，转中火熬煮成粥，下入菠菜碎，熬煮片刻，加盐、胡椒粉调味，装碗即可。

猪肉鸡肝粥

原料 大米300克，鸡肝、猪肉各100克

调料 葱花、料酒、盐各适量

做法

1. 大米淘净，泡发。鸡肝用水泡洗干净，切片。猪肉洗净，剁成末，用料酒腌渍片刻。

2. 锅入清水，放入大米，用旺火烧开，放入鸡肝片、肉末，转中火熬煮，待熬煮成粥，加入盐调味，撒上葱花即可。

猪肝南瓜粥

原料 猪肝、南瓜各100克，大米300克

调料 葱花、料酒、香油、盐各适量

做法

1. 南瓜去皮洗净，切块。猪肝洗净，切片。大米淘净，泡好。

2. 锅入适量清水，下入大米，用旺火烧开，下入南瓜，转中火熬煮，待粥快熟时，下入猪肝片，加入盐、料酒调味，待猪肝片熟透，淋香油，撒上葱花即可。

猪肺毛豆粥 粥

原料 猪肺、毛豆、胡萝卜各100克，大米300克

调料 姜丝、香油、盐各适量

做法

1. 胡萝卜洗净，切丁。毛豆洗净。猪肺洗净，切块，入沸水中焯烫，捞出。大米淘净，泡发。

2. 锅入适量水，下入大米，旺火煮沸，下入毛豆、胡萝卜丁、姜丝，改中火煮至米粒开花，再下入猪肺块，转小火焖煮，熬煮成粥，加盐调味，淋香油即可。

猪腰枸杞大米粥 粥

原料 猪腰100克，枸杞、白茅根各20克，大米200克

调料 葱花、盐各适量

做法

1. 猪腰洗净，去腰臊，切花刀。白茅根洗净，切段。枸杞洗净。大米淘净，泡好。

2. 锅入适量水，下入大米，旺火煮沸，下入白茅根、枸杞中火熬煮，待米粒开花，放入猪腰，转小火，待猪腰熟透，加入盐调味，撒上葱花即可。

玉米火腿粥 粥

原料 玉米粒、火腿丁各100克，大米300克

调料 姜丝、胡椒粉、盐各适量

做法

1. 玉米粒拣尽杂质，泡发。大米淘净，泡发。

2. 锅入适量水，下入大米，武火煮沸，下入火腿丁、玉米粒、姜丝，转中火熬煮至米粒开花，改文火，熬至粥浓稠，加入盐、胡椒粉调味，装碗即可。

玉米鸡蛋猪肉粥 粥

原料 玉米糁、猪肉各150克，鸡蛋2个

调料 葱花、料酒、盐各适量

做法

1. 猪肉洗净，切片，用料酒、盐腌渍片刻。玉米糁淘净，泡发。鸡蛋打入碗中，搅匀成鸡蛋液。

2. 锅中加入清水，放入玉米糁，旺火煮开，改中火煮至粥将成时，下入猪肉片，煮至猪肉片变熟，淋入鸡蛋液，加入盐调味，撒上葱花即可。

生姜猪肚粥 粥

原料 猪肚100克，大米300克

调料 葱花、生姜、香油、料酒、盐各适量

做法

1. 生姜洗净去皮，切末。大米淘净，泡发。猪肚洗净，切条，用盐、料酒腌渍片刻。

2. 锅中加入清水，放入大米，旺火烧沸，下入腌好的猪肚条、姜末，熬煮至米粒开花，改小火熬至粥浓稠，加入盐调味，淋香油，撒上葱花即可。

瘦肉番茄粥 粥

原料 番茄、瘦肉各100克，大米250克

调料 葱花、香油、盐各适量

做法

1. 番茄洗净，切成小块。猪肉洗净，切丝。大米淘净，泡发。

2. 锅中放入大米，加适量清水，旺火烧开，改用中火，下入猪肉丝，煮至猪肉丝变熟，改小火，放入番茄块慢熬成粥，加入盐调味，淋香油，撒上葱花即可。

瘦肉豌豆粥 粥

原料 猪瘦肉、豌豆各60克，大米200克

调料 葱花、姜末、料酒、香油、色拉油、盐各适量

做法

1. 豌豆洗净。猪肉洗净，剁成末。大米用清水淘净，泡发。

2. 锅中放入大米，加入清水烧开，改中火，放入姜末、豌豆煮至米粒开花，再放入猪肉末，改小火熬至粥浓稠，加入色拉油、盐、料酒调味，淋香油，撒上葱花即可。

白菜玉米粥 粥

原料 大白菜、玉米糁各150克，芝麻20克

调料 盐适量

做法

1. 大白菜洗净，切丝。芝麻洗净。玉米糁洗净。

2. 锅置火上，倒入清水烧沸，倒入玉米糁，再放入大白菜丝、芝麻，用小火煮至成粥，加入盐入味，装碗即可。

糯米银耳粥 粥

原料 糯米150克，水发银耳、玉米各50克

调料 葱花、白糖各适量

做法

1. 将银耳洗净，撕小朵。糯米洗净，泡发。玉米洗净。

2. 锅入清水，放入糯米，煮至米粒开花，放入银耳、玉米，转小火煮至粥成浓稠状，调入白糖，撒上葱花即可。

绿茶乌梅粥 粥

原料 大米300克，绿茶、乌梅肉、青菜各80克

调料 生姜、红糖、盐各适量

做法

1. 大米洗净，泡发。生姜去皮洗净，切丝，与绿茶一同加水煮开，取汁。青菜洗净，切碎。

2. 锅置火上，加入适量清水，倒入姜茶汁，放入大米，旺火煮开，再加入乌梅肉同煮至浓稠，放入青菜碎煮片刻，调入盐、红糖拌匀即可。

红枣羊肉糯米粥 粥

原料 红枣5个，羊肉100克，糯米150克

调料 葱白、葱花、姜末、盐各适量

做法

1. 红枣洗净，去核。羊肉洗净，切片，入沸水中焯烫，捞出。糯米洗净，泡好。

2. 锅中加入适量清水，下入糯米，旺火煮开，下入羊肉片、红枣、姜末，转中火熬煮，下入葱白，待粥熬出香味，加入盐调味，撒入葱花即可。

红枣桂圆粥 粥

原料 大米300克，桂圆肉、红枣各100克

调料 葱花、红糖各适量

做法

1. 大米淘洗干净，放入清水中浸泡。桂圆肉、红枣洗净。

2. 锅入适量清水，放入大米，煮至八成熟，放入桂圆肉、红枣煨煮至酥烂，加红糖调匀，撒葱花即可。

羊肉生姜粥

原料 羊肉60克，大米300克

调料 葱花、生姜、胡椒粉、盐各适量

做法

1. 生姜洗净去皮，切丝。羊肉洗净，切片。大米淘净，泡发。

2. 锅中放入大米，加入适量清水，旺火煮沸，下入羊肉片、姜丝，转中火熬煮至米粒开花，改小火，待粥熬出香味，加入盐、胡椒粉调味，撒入葱花即可。

美味蟹肉粥

原料 鲜湖蟹1只，大米300克

调料 葱花、姜末、白醋、酱油、盐各适量

做法

1. 大米淘洗干净。鲜湖蟹洗净，入蒸锅中蒸熟。

2. 锅置火上，放入大米，加适量清水煮至八成熟，放入鲜湖蟹、姜末，煮至米粒开花，加入盐、酱油、白醋调匀，撒上葱花即可。

胡萝卜山药大米粥

原料 胡萝卜、山药各60克，大米200克

调料 盐适量

做法

1. 山药去皮洗净，切块。大米洗净，泡发。胡萝卜洗净，切丁。

2. 锅入适量清水，放入大米，旺火煮至米粒绽开，放入山药块、胡萝卜丁，改用小火煮至成粥，放入盐调味，装碗即可。

胡萝卜玉米粥

原料 木瓜、胡萝卜、玉米粒各50克，大米150克

调料 葱花、盐各适量

做法

1. 大米洗净，泡发。木瓜、胡萝卜去皮洗净，切成小丁。玉米粒洗净。

2. 锅入适量清水，放入大米，用旺火煮至米粒开花，再放入木瓜丁、胡萝卜丁、玉米粒煮至粥浓稠，放入盐调味，撒上葱花即可。

胡萝卜菠菜粥 粥

原料 胡萝卜、菠菜各100克，大米200克

调料 盐适量

做法

1. 大米洗净，泡发。菠菜洗净，切段。胡萝卜洗净，切丁。

2. 锅入适量清水，放入大米，用旺火煮至米粒绽开，放入菠菜段、胡萝卜丁，改用小火煮至粥成，加入盐调味，装碗食用。

芋头芝麻粥 粥

原料 大米150克，鲜芋头80克，黑芝麻、玉米糁各50克

调料 白糖适量

做法

1. 大米洗净，泡发，捞起沥干水分。芋头去皮洗净，切成小块。黑芝麻、玉米糁洗净。

2. 锅入适量清水，放入大米、玉米糁、芋头，旺火煮熟，放入黑芝麻，改用小火煮成粥，调入白糖即可。

花生鱼粥 粥

原料 鱼肉、花生、瘦肉各100克，大米200克

调料 香菜末、葱花、姜末、香油、盐各适量

做法

1. 大米淘洗干净，放入清水中浸泡30分钟。鱼肉切片，抹上盐略腌。瘦肉洗净，切末。花生洗净，泡发。

2. 锅入适量清水，放入大米、花生煮至五成熟，放入鱼肉片、瘦肉末、姜末煮成粥，加入盐、香油调味，撒上香菜末、葱花即可。

银耳山楂粥 粥

原料 银耳200克，山楂100克，大米300克

调料 白糖适量

做法

1. 大米洗净，用冷水浸泡，捞出，沥干水分。银耳泡发洗净，切碎。山楂洗净，切片。

2. 锅置火上，放入大米，倒入适量清水煮至米粒开花，放入银耳、山楂片煮片刻，待粥至浓稠状时，调入白糖拌匀即可。

苹果萝卜牛奶粥 粥

原料 苹果、胡萝卜、牛奶各100克，大米200克

调料 葱花、白糖各适量

做法

1. 胡萝卜、苹果洗净，切成小块。大米淘洗干净，泡发。

2. 锅入适量清水，放入大米，煮至八成熟，放入胡萝卜块、苹果块，煮至粥成，放入牛奶稍煮，加入白糖调匀，撒上葱花即可。

茴香青菜粥 粥

原料 大米200克，茴香、青菜各50克

调料 胡椒粉、盐各适量

做法

1. 大米洗净，泡发半小时，捞出，沥干水分。青菜洗净，切丝；茴香洗净，切碎。

2. 锅入清水，放入大米，旺火煮开，加入茴香煮熟，再放入青菜，用小火煮至浓稠状，调入盐、胡椒粉，拌匀即可。

莲藕糯米粥 粥

原料 鲜藕、花生、红枣各100克，糯米200克

调料 白糖适量

做法

1. 糯米泡发洗净。莲藕洗净，切片。花生洗净。红枣去核洗净。

2. 锅置火上，注入清水，放入糯米、藕片、花生、红枣，用旺火煮至米粒完全绽开。

3. 改用小火煮至粥成，加入白糖调味即可。

菠菜山楂粥 粥

原料 菠菜、山楂各100克，大米200克

调料 冰糖适量

做法

1. 大米淘洗干净，用清水浸泡。菠菜洗净，切段。山楂洗净，去核。

2. 锅置火上，放入大米，加适量清水煮至七成熟，放入山楂，煮至成粥，放入冰糖、菠菜段，煮熟即可。

内蒙炖面

原料 手擀宽面条200克，土豆、芸豆各100克，牛肉50克

调料 葱片、姜片、色拉油、酱油、盐各适量

做法

1. 手擀宽面条煮熟，冲凉控水；土豆去皮洗净，切条；芸豆洗净，去筋切段；牛肉洗净，切条。

2. 锅入油烧热，放入葱片、姜片、酱油爆香，再加入牛肉条、土豆条、芸豆段、盐、水炖烧6分钟，待牛肉条熟烂，放入宽面条炖1分钟，出锅即可。

酸辣面

原料 宽面条、猪肉丝各200克，酸菜、青椒各50克

调料 蒜蓉、花椒、辣椒油、植物油、白醋、骨头汤、盐各适量

做法

1. 酸菜洗净，切丝。青椒洗净，切条。猪肉丝洗净。

2. 锅入油烧热，放入花椒炒香，捞出花椒，再放入蒜蓉爆香，放入瘦肉丝炒至肉色变白，放入酸菜丝、青椒条炒匀，倒入骨头汤煮沸，改小火慢煮10分钟，加入白醋、辣椒油、盐调匀，做成面条汤底。

3. 面条煮好过凉，倒入酸辣汤中搅匀煮沸即可。

牛肉乌冬面

原料 酱牛肉100克，乌冬面200克

调料 香葱末、植物油、香油、酱油、酱牛肉汤、盐各适量

做法

1. 乌冬面煮熟，捞出，控水。酱牛肉切片。

2. 锅入油烧热，加入酱油爆香，放入酱牛肉汤、盐调味，汤开后放入乌冬面、牛肉片，煮1分钟出锅装碗，撒上香葱末，淋香油，即可。

爆锅面

原料 手擀宽面条200克，白菜100克，鸡蛋1个

调料 香葱末、葱片、姜片、植物油、酱油、盐各适量

做法

1. 白菜洗净，切粗丝。鸡蛋打散，煎成蛋皮切丝。

2. 锅入油烧热，放入葱片、姜片爆香，再放白菜丝、酱油、盐、水烧开，放入面条煮熟，盛入碗中，撒上蛋皮丝、香葱末即可。

日式煮乌冬面

原料 乌冬面200克，金针菇100克，黄豆芽、虾各50克，海苔30克

调料 香葱末、日式酱油、高汤、盐各适量

做法

1. 乌冬面煮熟，捞出，放入碗中。金针菇洗净，切段。黄豆芽洗净。海苔切丝。虾洗净，去除虾线。

2. 锅中加入高汤，放入虾、金针菇、黄豆芽，用日式酱油、盐调味，开锅小火煮片刻，倒入盛放乌冬面的碗中，撒上海苔丝、香葱末即可。

砂锅伊府面

原料 手擀面150克，鱿鱼片、圣女果、西蓝花、鹌鹑蛋、香菇、大虾各100克

调料 葱丝、姜末、蒜片、高汤、色拉油、酱油、醋、料酒、白糖、盐各适量

做法

1. 鱿鱼片、西蓝花、大虾洗净，汆熟。手擀面煮熟，下入油锅中炸成面饼状，放入砂锅中。

2. 砂锅中加入所有调料，摆上鱿鱼片、圣女果、西蓝花、香菇、熟大虾、鹌鹑蛋，上火烧开后略煮即可。

芸豆蛤蜊打卤面

原料 蛤蜊、面条、芸豆各200克，鸡蛋2个

调料 葱片、姜片、香油、花生油、盐各适量

做法

1. 蛤蜊洗净，煮熟剥肉。蛤蜊汤过滤，留用。芸豆洗净，切小丁。鸡蛋打入碗中，搅匀成蛋液。面条煮熟盛入碗中。

2. 锅入油烧热，放入葱片、姜片爆香，放入芸豆丁炒至断生，加入蛤蜊肉、蛤蜊汤，加入盐调味，开锅淋蛋液，淋香油，浇在面条上即可。

番茄鱼片面

原料 草鱼肉、番茄各100克，面条200克

调料 葱末、姜末、香油、食用油、盐各适量

做法

1. 草鱼肉洗净，切片，汆水，沥干水分。番茄洗净，切丁。面条煮熟，盛入碗中。

2. 锅入油烧热，放入葱末、姜末爆香，下入番茄丁翻炒片刻，加入适量水、盐烧开，放入鱼片煮2分钟，淋香油，撒上葱末，浇入面条碗中即可。

荞麦面

原料 荞麦面条150克，火腿、熟牛肉、香干、熟虾仁、生菜叶各50克

调料 植物油、卤汁、盐、生粉各适量

做法

1. 熟牛肉切片；火腿、香干分别切片；生菜叶洗净。

2. 锅入油烧热，放入香干炒香，倒入卤汁烧开，调入盐，用生粉勾芡。

3. 荞麦面条入沸水中煮熟，捞出，盛入碗中，倒入炒好的卤料，摆上牛肉片、火腿片、香干、熟虾仁、生菜叶即可。

和风荞麦面条沙拉

原料 荞麦面条500克，胡萝卜、小黄瓜、白萝卜各30克

调料 葱花、和风沙拉酱、橄榄油、醋、酱油、黄芥末酱、胡椒粉、盐各适量

做法

1. 荞麦面放入清水锅中煮熟，捞出，入冷水冲凉。胡萝卜、小黄瓜、白萝卜分别洗净，切丝。

2. 将荞麦面、胡萝卜丝、小黄瓜丝、白萝卜丝放入碗中，加入和风沙拉酱、橄榄油、醋、酱油、黄芥末酱、胡椒粉、盐拌匀，撒上葱花即可。

川式担担面

原料 银丝面200克，豌豆尖50克

调料 辣椒油、花椒粉、醋、酱油、蒜泥、葱花、香油、芽菜末、盐各适量

做法

1. 豌豆尖洗净，入沸水中烫一下，盛出，放入碗中。辣椒油、花椒粉、醋、盐、酱油、蒜泥、香油、芽菜末调匀，成麻辣味汁。

2. 锅入水烧沸，下入面条煮至断生，捞出，装入豌豆尖垫底的碗内，淋麻辣味汁，撒上葱花即可。

怪味凉面

原料 面条200克，黄瓜50克

调料 葱末、姜末、蒜末、白糖、醋、酱油、麻酱、香油、辣椒油、花椒粉、盐各适量

做法

1. 将面条煮熟，凉凉，放入少许香油拌匀。

2. 黄瓜洗净，切成丝。

3. 取一器皿，放入麻酱、醋、酱油调匀，倒入白糖、盐、辣椒油、花椒粉、葱末、姜末、蒜末调成汁，浇在面条上，放上黄瓜丝即可。

大盘鸡面

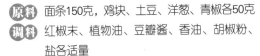

原料 面条150克，鸡块、土豆、洋葱、青椒各50克

调料 红椒末、植物油、豆瓣酱、香油、胡椒粉、盐各适量

做法

1. 鸡块洗净。土豆洗净，切块。洋葱洗净，切块。青椒洗净，切斜段。

2. 面条煮熟后捞出，沥干水分，装盘。

3. 锅入油烧热，下入豆瓣酱、鸡块炒熟，加入土豆块、洋葱块、青椒段翻炒，调入盐、红椒末、胡椒粉，炒匀熟透，淋香油，浇在面条上即可。

咖喱炒米粉

原料 米粉300克，青椒丝、红椒丝各50克，洋葱30克，鸡蛋1个

调料 姜丝、咖喱粉、食用油、盐各适量

做法

1. 米粉用水浸软，沥干。洋葱洗净，切丝。鸡蛋打散，煎成蛋皮，切丝。

2. 锅入油烧热，放入姜丝、咖喱粉爆香，加入米粉、青椒丝、红椒丝、洋葱丝炒匀，放入盐，炒匀盛入碗中，撒蛋皮丝即可。

湖南米粉

原料 米粉200克，榨菜丝、肉丝各100克

调料 葱花、杂骨汤、干椒粉、熟猪油、花生油、酱油、盐各适量

做法

1. 肉丝、榨菜丝分别洗净，入油锅中炒香，加入杂骨汤，焖熟。将盐、酱油、干椒粉、杂骨汤、熟猪油、葱花放入碗中。

2. 锅入清水烧沸，下入米粉烫熟，捞出，盛入碗中，浇上肉丝汤，撒上葱花即可。

炒米粉

原料 干米粉200克，牛蒡100克，绿豆芽、胡萝卜各50克

调料 葱丝、香油、素高汤粉、胡椒粉、盐各适量

做法

1. 米粉用水泡开，牛蒡、胡萝卜分别洗净切丝。绿豆芽洗净。

2. 平底锅入香油加热，放入牛蒡丝、胡萝卜丝、豆芽菜、葱丝炒匀，放入米粉，转中火炒匀，撒上素高汤粉、盐、胡椒粉，拌匀即可。

小炒乌冬面

原料 乌冬面条300克，掐菜（豆芽掐去头尾）100克，胡萝卜、青椒、虾仁各50克

调料 蚝油、生抽、食用油、盐各适量

做法

1. 乌冬面煮熟，冲凉，沥干水分。

2. 掐菜洗净。胡萝卜洗净去皮，切丝。青椒洗净，切丝。虾仁洗净，一片两半。

3. 锅入油烧热，放入青椒丝、胡萝卜丝、虾仁，加入蚝油、生抽、掐菜翻炒，加入盐调味，放入乌冬面翻匀炒2分钟，出锅即可。

家常意大利面

原料 意大利通心面300克，胡萝卜、黄彩椒、西芹、洋葱各50克

调料 橄榄油、番茄酱、胡椒粉、辣椒粉、盐各适量

做法

1. 意大利通心面放入沸水锅中煮熟，捞出控水。胡萝卜去皮洗净，切条。黄彩椒洗净，切条。西芹洗净，去筋切条。洋葱去皮洗净，切条。

2. 锅入橄榄油烧热，放入番茄酱、洋葱条、黄彩椒条、胡萝卜条、西芹条炒香，加入盐、胡椒粉、辣椒粉调味，放入煮熟的意大利面，翻炒均匀，出锅即可。

花椰通心粉

原料 低筋面粉2汤匙，通心粉80克，水发木耳、西蓝花各100克，胡萝卜50克

调料 蒜末、植物奶油、白酒、胡椒粉、盐各适量

做法

1. 西蓝花、水发木耳洗净，掰成小朵。

2. 锅入清水烧沸，放入通心粉煮熟，捞起。面粉用一块植物奶油先炒熟；胡萝卜洗净切片。

3. 煎锅用一块奶油热锅，放入蒜末、水发木耳爆香，加入西蓝花、胡萝卜、白酒、适量水，盖上锅盖，用中火将蔬菜煮软，加入通心粉与炒好的面粉煮至成糊状，放入盐、胡椒粉调味，装盘即可。

小窝头

原料 玉米面粉、黄豆面粉各300克

调料 白糖、糖桂花、小苏打各适量

做法

1. 玉米面粉、黄豆面粉、白糖、糖桂花、小苏打一起放入盆内，逐次加入温水，慢慢揉和，以使面团柔韧有劲，揉匀后搓成细圆条，再揪成小剂子。

2. 将面剂搓成圆球形状，蘸点凉水，在圆球中间钻一小洞，由小渐大，由浅渐深，并将窝头上端捏成尖形，直到面团厚度只有1厘米、内壁外表均光滑时，即制成小窝头。

3. 将小窝头上蒸笼用旺火蒸10分钟，出锅即可。

南瓜发糕

原料 南瓜150克，自发粉200克

调料 牛奶、干果各适量

做法

1. 南瓜去皮洗净，切块，放入沸水锅中煮熟，捣成泥状，趁热加入自发粉、干果、热牛奶，搅拌成糊状。

2. 将南瓜糊放入密封容器内，在室温条件下发酵到两倍大时，放入蒸锅，盖上锅盖，旺火蒸熟即可。

紫米发糕

原料 紫米粉200克，面粉300克

调料 白糖、酵母粉各适量

做法

1. 紫米粉、面粉、白糖倒入盆中拌匀。酵母粉用温水化开。

2. 酵母液倒入面粉中，倒入水搅匀，放入电饭煲里发酵，待发酵到两倍大时，再搅拌一会儿，放入电饭煲里发酵。

3. 待发到两倍大时，放入蒸锅，盖上锅盖，旺火蒸熟即可。

素馅荞面饺

原料 苦荞麦粉300克，鸡蛋4个，韭菜、虾米、焦圈、水发木耳各50克

调料 姜末、香油、盐各适量

做法

1. 鸡蛋打入碗中，搅匀，加入盐，煎成蛋饼，切碎。焦圈用刀压成碎末。水发木耳洗净，切碎。韭菜洗净，切末。虾米用水涨发洗净，切末。

2. 鸡蛋、虾米、韭菜、焦圈、姜末、木耳放盆中，加入盐、香油拌匀，调成素馅。

3. 荞麦面放盆内，分次加入温水，和成面团，搓成条，切成大小均匀的剂子，擀成饺子皮，包入素馅，收边捏紧，即成饺子生坯，摆入屉中，用旺火蒸约20分钟即可。

玉米面蒸饺

原料 玉米面500克，韭菜末、虾皮、水发粉条、猪瘦肉泥各50克

调料 香油、面酱、花椒粉、小麦面粉、面粉、猪油、盐各适量

做法

1. 韭菜洗净，切末；虾皮洗净，挤去水分；水发粉条剁碎；将韭菜末、虾皮、粉条、猪肉泥放入盆中，加面酱、花椒粉、盐混匀，浇上热猪油、香油拌匀，即成馅料。

2. 把热水慢慢地浇在玉米面上，拌匀后稍凉凉，用手揉好。用小麦面粉作粉芡，将玉米面揉搓成细条，揪成剂子，用擀面杖擀成圆饼，包入馅料成饺子形态，上笼屉旺火蒸15分钟即可。

萝卜丝包子

原料 玉米面粉500克，小麦面粉200克，白萝卜丝、黄豆粉、猪肉末各100克

调料 葱末、姜末、酱油、发酵粉、香油、盐各适量

做法

1. 将玉米面粉、小麦面粉、黄豆粉放入盆内，加入适量发酵粉拌匀，用温水和成面团，稍饧一会儿。将白萝卜丝放入沸水中焯一下，捞出，用冷水冲凉，挤干水分。

2. 锅入香油烧热，放入葱末、姜末、猪肉末炒散，加入酱油、盐炒匀，凉凉后，加入萝卜丝，拌成馅料。将玉米面团分成剂子，擀皮，加猪肉馅包成包子。将笼屉内铺上屉布，码入包子生坯，放入蒸锅，旺火蒸20~30分钟，出锅即可。

原料 猪肉丁300克，韭菜200克，净虾仁120克，面粉500克

调料 姜末、花生油、酱油、盐各适量

做法

1. 韭菜洗净，切末，加油拌匀。猪肉丁加酱油、盐、花生油、韭菜末、姜末、虾仁拌匀，制成馅料。

2. 面粉加水和成面团，稍饧后搓成圆长条，揪成20个面剂，逐个擀成皮。包入馅料，制成包子生坯。

3. 将包子生坯摆放锅中，用面粉加水调成面糊倒入锅中，加盖用旺火焖煮到水干即熟，开盖在包子上淋花生油，再加盖小火焖1分钟即可。

虾仁肉丁炉包

煎饼胡萝卜丝

原料 面粉300克，胡萝卜150克，鸡蛋2个

调料 姜丝、葱丝、花生油、盐各适量

做法

1. 鸡蛋打入碗中，搅匀成鸡蛋液。

2. 面粉加鸡蛋液、水调成面糊，用平底锅煎至成煎饼。

3. 胡萝卜去皮洗净，切丝。

4. 锅入油烧热，放入葱丝、姜丝爆香，加入胡萝卜丝炒匀，加入盐调味，出锅，用煎饼卷入炒好的胡萝卜丝，装盘即可。

筋饼肉丝

原料 高筋面粉300克，猪肉丝150克

调料 葱丝、姜丝、酱油、花椒粉、花生油、淀粉、蛋清、盐各适量

做法

1. 面粉加水调成面糊，用平底锅煎成饼。

2. 猪肉丝加入盐、花椒粉，用蛋清、淀粉上浆。

3. 锅入油烧热，放入葱丝、姜丝、酱油爆香，放入猪肉丝，加入盐调味，翻炒均匀出锅，用饼卷卷入猪肉丝，装盘即可。

龙抄手

原料 馄饨皮300克，猪腿肉、鸡蛋、菠菜各60克

调料 姜汁、高汤、胡椒粉、香油、辣椒油、盐各适量

做法

1. 猪肉洗净去筋，用刀背捶成蓉状并剁细成泥，加入盐、姜汁、鸡蛋、胡椒粉拌匀，再掺入适量清水，搅成糊状，加入香油，沿一个方向用力搅匀，制成馅料。菠菜洗净，焯熟捞出。

2. 将馅料包入馄饨皮中，做成抄手坯。

3. 锅入高汤烧开，下入抄手坯旺火煮熟，碗中放入菠菜、原汤、盐、胡椒粉、辣椒油，将煮熟的抄手盛入碗中即可。

牛肉馄饨

原料 馄饨皮300克，牛肉、猪瘦肉丁、熟酱牛肉丁、芹菜各60克，熟鸡蛋丝20克

调料 姜末、蒜末、香菜末、牛骨汤、花椒水、胡椒粉、香油、酱油、生抽、盐、葱花各适量

做法

1. 芹菜洗净，焯水切碎，加生抽拌匀。牛肉剁成泥，加猪瘦肉丁、酱油、盐、花椒水顺搅成糊，放入芹菜碎、蒜末、姜末、生抽、香油搅成馅料。将馅料包入馄饨皮中，做成馄饨生坯。

2. 锅入牛骨汤烧开，下入香菜末、胡椒粉、盐、香油调味。另起锅入清水烧开，下馄饨生坯，顺向搅动，待馄饨漂起即熟，捞入碗内，倒入汤汁，撒香菜末、葱花、鸡蛋丝、牛肉丁即可。

绉纱馄饨

原料 猪肉150克，小薄馄饨皮250克

调料 葱花、姜汁、胡椒粉、鲜辣粉、香油、黄酒、白糖、盐各适量

做法

1. 猪肉洗净，剁碎，放入碗中，加入盐、白糖、黄酒、胡椒粉、姜汁、少许水拌匀，成馅料。

2. 将馅料包入馄饨皮中制成馄饨，碗中加盐、香油、葱花、鲜辣粉兑沸水，备用。

3. 锅入清水烧沸，下入馄饨，中间加一次水，煮沸盛入兑好料的碗中即可。

原料 精面粉500克，鸡蛋10个

调料 绵白糖、饴糖、苏打粉、熟猪油、菜籽油各适量

鸡蛋球

做法

1. 锅入清水烧沸，放入精面粉、熟猪油，边煮边搅拌，熟后离火，凉凉至80℃，磕入鸡蛋，加苏打粉揉匀。

2. 锅入油烧热，将揉好的鸡蛋面挤成圆球状，逐个入锅中，炸至全部浮起后，升高油温炸透，待蛋球外壳黄硬时，用漏勺捞出沥油。

3. 锅入清水烧沸，加入饴糖、绵白糖，推动手勺使之溶化，离火稍冷却，将鸡蛋球逐个入锅挂满糖汁，在绵白糖碗内滚上白糖即可。

炸汤圆

原料 吊浆粉300克，蜜枣150克

调料 熟猪油、熟菜油、白糖各适量

做法

1. 吊浆粉加适量清水调制成团，分成20个剂子即成皮坯。

2. 蜜枣上笼蒸软，去核搓擦成蓉，加入白糖、猪油拌匀，分成20个小堆，即成馅心。

3. 取1个皮坯，中间用手指按成"凹"形，包上馅心，封口，搓圆即成汤圆。

4. 锅入熟菜油烧至五成热，放下汤圆炸至呈金黄色、皮酥，捞出即可。

如意糯米煎

原料 糯米粉200克，面粉150克，薏仁粉100克，豆干丁80克，红葱酥、胡萝卜、白萝卜、萝卜叶、牛蒡、水发干香菇各50克

调料 胡椒粉、白糖、盐各适量

做法

1. 水发干香菇、胡萝卜、白萝卜、萝卜叶、牛蒡分别洗净，切碎。

2. 薏仁粉加适量沸水搅散，与糯米粉搅拌均匀。

3. 将豆干丁、红葱酥、水发干香菇碎、胡萝卜碎、白萝卜碎、萝卜叶碎、牛蒡碎拌匀，加入白糖、胡椒粉、盐、搅匀的薏仁粉一起混合均匀，再加入面粉和匀，制成饼状，放入铝锅中煎至呈金黄色，即可。

中式寿司 醸

原料 土豆、鲜笋、豆油皮、芽菜各100克

调料 姜末、胡椒粉、菜油、碎冰糖、盐各适量

做法

1. 鲜笋洗净去皮，切丝，在清水中浸泡片刻，捞出沥水。芽菜洗净，切细剁蓉。土豆洗净煮熟，捣成蓉。

2. 锅入菜油烧热，放入土豆泥、碎冰糖、胡椒粉、盐、姜末、芽菜蓉、笋丝炒匀出锅。豆油皮用温水洗净铺平，卷上炒好的馅料，上笼蒸熟，取出切成小段，装盘即可。

黄米糕 面食

原料 黄米面160克，糯米粉80克

调料 酵母、白糖各适量

做法

1. 将黄米面、糯米粉倒入碗中，放入酵母、白糖，分少量多次倒入清水。将揉好的面团滚圆，用手压成圆饼状，放入铺有湿笼布的蒸锅内蒸熟。

2. 蒸好的年糕放入碗中，用擀面杖捣成年糕细泥，做成长方形小饼。

3. 锅入油烧热，依次放入年糕饼，炸至两面呈金黄，装盘即可。

牛肉夹馍 醸

原料 小饼10个，酱牛肉200克，青椒丁、红椒丁各30克

调料 香菜末、甜面酱、蚝油各适量

做法

1. 酱牛肉切丁。甜面酱、蚝油、水调匀。

2. 锅入油烧热，放入调好的酱炒一下，倒入切好的酱牛肉丁，快速炒匀后关火，倒入青椒丁、红椒丁拌匀。

3. 将饼从中间剖开，夹入炒好的牛肉酱料，再放些香菜末即可。

紫菜豆包菜卷 面食

原料 绿豆芽、胡萝卜丝、白萝卜丝、萝卜叶、牛蒡丝各25克，水发香菇、豆腐皮、紫菜各15克

调料 胡椒粉、面粉糊、盐各适量

做法

1. 锅入油烧热，下入洗净的绿豆芽、胡萝卜丝、白萝卜丝、萝卜叶、牛蒡丝、水发香菇炒热，加入盐、胡椒粉调味，盛出。

2. 豆腐皮、紫菜对切成4片，豆腐皮铺上紫菜，放上炒好的原料，卷成圆桶状，开口抹面粉糊压紧，放入蒸笼中，小火蒸1～2分钟即可。